普通高等教育"十二五"规划教材

DIANGONG YU DIANZI JISHU SHIYAN JIAOCHENG

# 电工与电子技术实验教程

刘红伟　马献果　王冀超　编

焦　阳　主审

U0347627

中国电力出版社
CHINA ELECTRIC POWER PRESS

## 内 容 提 要

本书为普通高等教育"十二五"规划教材,是根据"电工学"及"电工技术""电子技术"课程教学基本要求中"实验教学部分"的内容,并结合当前的新技术及实验设备编写的。全书分为训练型实验、验证型实验、综合型实验和设计型实验四种类型,目的在于将电工学的课堂教学内容与实际动手有机地结合起来,帮助学生掌握电工学的基本理论、基本实验知识及实验技能,提高学生分析问题和解决问题的能力。主要内容包括电工电子实验的基础知识、综合实验装置及常用仪器仪表的使用、电工技术实验、模拟电子技术实验、数字电子技术实验。书后附有附录,给出了常用元器件、电气设备等的主要技术数据及识别、型号命名方法等,并附有实验报告示例,供撰写实验报告参考。

本书可作为高等学校机械、材料、化工、环境工程等非电类专业"电工学"实验教材,也可供相关专业工程技术人员参考。

**图书在版编目(CIP)数据**

电工与电子技术实验教程/刘红伟,马献果,王冀超编. —北京:中国电力出版社,2014.12(2018.2重印)

普通高等教育"十二五"规划教材

ISBN 978 - 7 - 5123 - 6787 - 6

Ⅰ. ①电… Ⅱ. ①刘… ②马… ③王… Ⅲ. ①电工技术-实验-高等学校-教材 ②电子技术-实验-高等学校-教材 Ⅳ. ①TM - 33 ②TN - 33

中国版本图书馆 CIP 数据核字(2015)第 002643 号

中国电力出版社出版、发行

(北京市东城区北京站西街 19 号 100005 http://www.cepp.sgcc.com.cn)

三河市百盛印装有限公司印刷

各地新华书店经售

*

2014 年 12 月第一版 2018 年 2 月北京第四次印刷

787 毫米×1092 毫米 16 开本 10 印张 238 千字

定价 18.00 元

# 电类基础课教材编写小组

组长：王培峰

成员：马献果　王计花　王冀超　吕文哲　曲国明　朱玉冉
　　　任文霞　刘红伟　刘　磊　安兵菊　许　海　孙玉杰
　　　李翠英　宋利军　张凤凌　张会莉　张成怀　张　敏
　　　岳永哲　孟　尚　周芬萍　赵玲玲　段辉娟　高观望
　　　高　妙　焦　阳　蔡明伟（以姓氏笔画排序）

# 序

电工、电子技术为计算机、电子、通信、电气、自动化、测控等众多应用技术的理论基础，还涉及机械、材料、化工、环境工程、生物工程等众多相关学科。对于这样一个庞大的体系，不可能在学校将所有的知识都教给学生。以应用型本科学生为对象的大学教育，必须对学科体系进行必要的梳理。本套教材就是试图搭建一个电类基础知识体系平台。

2013 年 1 月，教育部为加快发展现代职业教育，建设现代职业教育体系，部署了应用技术大学改革试点战略研究项目，其目的是探索"产学研一体、教学做合一"的应用型人才培养模式，促进地方本科高校转型发展。河北科技大学作为河北省首批加入"应用技术大学（学院）联盟"的高校，对电类基础课进行了试点改革，并根据教育部高等学校教学指导委员会制定的"专业规划和基本要求、学科发展和人才培养目标"，编写了本套教材。本套教材特色如下：

（1）教材的编写以教育部高等学校教学指导委员会制定的"专业规划和基本要求"为依据，以培养服务于地方经济的应用型人才为目标，系统整合教学改革成果，使教材体系趋于完善，教材结构完整，内容准确，理论阐述严谨。

（2）教材的知识体系和内容结构具有较强的逻辑性，利于培养学生的科学思维能力；根据教学内容、学时、教学大纲的要求，优化知识结构，既加强理论基础，也强化实践内容；理论阐述、实验内容和习题的选取都紧密联系实际，培养学生分析问题和解决问题的能力。

（3）课程体系整体设计，各课程知识点合理划分，前后衔接，避免各课程内容之间交叉重复，使学生能够在规定的课时数内，掌握必要的知识和技术。

（4）以主教材为核心，配套学习指导、实验指导书、多媒体课件，提供全面的教学解决方案，实现多角度、多层面的人才培养模式。

本套教材由王培峰任编写小组组长，主要包括：电路（上、下册，王培峰主编），模拟电子技术基础（张凤凌主编），数字电子技术基础（高观望主编），电路与电子技术基础（马献果等编），电路学习指导书（上册，朱玉冉主编；下册，孟尚主编），模拟电子技术学习指导书（张会莉主编），数字电子技术课程学习指导书（任文霞主编），电路与电子技术基础学习指导书（马献果等编），电路实验教程（李翠英主编），电子技术实验与课程设计（安兵菊主编），电工与电子技术实验教程（刘红伟等编）等。

提高教学质量，深化教学改革，始终是高等学校的工作重点，需要所有关心高等教育事业人士的热心支持。为此谨向所有参与本套教材建设的同仁致以衷心的感谢！

本套教材可能会存在一些不当之处，欢迎广大读者提出批评和建议，以促进教材的进一步完善。

**电类基础课教材编写小组**

2014 年 10 月

# 前　　言

本书是为高等学校机械、材料、化工、环境工程等专业而编写的"电工学"实验教材，是根据教育部电工学课程教学小组制定的"电工技术""电子技术"课程教学基本要求中"实验教学部分"的内容，并结合当前的一些新技术及实验设备编写的。全书分为训练型实验、验证型实验、综合型实验和设计型实验四种类型，目的在于将电工学的课堂教学内容与实际动手有机地结合起来，帮助学生掌握电工学的基本理论、基本实验知识及实验技能，提高学生分析问题和解决问题的能力。

全书主要内容共分 5 章：

第 1 章为电工电子实验的基础知识，介绍了电工电子实验的基本要求、常见故障处理和常用电量测量基础，可供学生学习相关内容时参考。

第 2 章为综合实验装置及常用仪器仪表的使用。实验装置及仪器仪表都配有面板图和详细的使用说明，学生完全可以通过自学掌握这些实验仪器的使用方法。

第 3 章为电工技术实验，介绍了电工技术的基本实验内容和基本测量方法，对一些基本定理和常用电路进行验证与测量，共有 10 个实验。

第 4 章为模拟电子技术实验，介绍了模拟电子技术的基本实验内容和基本测量方法，对一些常用的典型电路进行测量，共有 5 个实验。

第 5 章为数字电子技术实验，介绍了数字电子技术的基本实验内容和基本测试及设计方法，注重各种集成芯片的使用，共有 5 个实验。

书后附有附录，其中附录 A、B 介绍了 Y 系列三相异步电动机和常用交流接触器、熔断器、热继电器的主要技术数据；附录 C、D 介绍了常用元器件的识别及型号命名和常用集成电路的型号命名及引脚说明，可作为手册查阅；附录 E 给出了实验报告示例，供撰写实验报告时参考。

本书由河北科技大学信息科学与工程学院长期从事"电工学"教学的教师在总结多年实验教学经验的基础上编写的。参加本书编写的教师有刘红伟、马献果和王冀超。刘红伟编写了第 1、4、5 章和附录 A、B 及附录 E，马献果编写了第 3 章和附录 C、D，王冀超编写了第 2 章。全书由刘红伟统稿。

本书在编写过程中，得到了河北科技大学信息科学与工程学院有关领导和教师的支持和帮助，主审焦阳教授对全书的定稿提出了许多建设性的修改意见，在此表示衷心的感谢。

由于编者水平有限，书中难免有一些缺点、错误或不妥之处，恳请使用本书的教师和同学们批评指正。

编　者

2014 年 10 月

# 目　录

# 1

电工电子实验的基础知识

# 1.1   电工电子实验的基本要求

## 1.1.1   实验的目的和意义

"电工学"是一门实践性较强的专业基础课,它的任务是使学生获得电工电子技术方面的基础理论、基础知识和基本技能。实验是学习这门课程的重要实践环节,是理论联系实际的重要手段。通过实验环节,不仅可帮助学生巩固所学的理论知识和丰富学习内容,还能够使学生在基本实验方法和基本实验技能两个方面得到系统的训练,以培养学生分析和解决实际问题的能力,使其适应新技术发展和未来社会的需要。

电工电子技术实验,按性质可分为训练型实验、验证型实验、综合型实验和设计型实验四种类型。

训练型实验是针对电工电子技术中常用元器件的测量而设置的,通过实验使学生掌握常用仪器仪表的使用方法,能够根据各种电信号的特点和性质,选择正确的仪器仪表进行测量。

验证型实验是针对电工电子技术基础理论而设置的,通过实验获得感性认识,验证和巩固基础理论,使学生掌握基本实验知识、基本实验方法和基本实验技能。

综合型实验侧重于对一些理论知识的综合应用和实验的综合分析,其目的是培养学生综合应用理论知识的能力和解决较复杂实际问题的能力。

设计型实验对学生来说,既有综合性又有探索性。它主要侧重于某些知识的灵活应用。这类实验对提高学生的科学实验能力以及科学研究的能力非常有益。

总之,通过实验课的学习,学生可达到以下目的:

(1)能够正确地选择和安全使用交、直流电源。

(2)能够根据实验中的电压、电流,选用相应的电工电子仪器仪表进行测试。

(3)能够独立地连接实验电路,检查并排除简单的电路故障。

(4)能够掌握基本实验和数据的分析处理方法。

(5)能够应用已学的理论知识设计简单的应用电路,并能通过实验验证所设计的电路。

(6)养成严肃认真、实事求是的科学态度和严谨的工作作风。

### 1.1.2　实验的基本要求

实验是把所学的理论知识用于实践的开始，只有具备了一些基本实验技能，才能灵活地运用所学的理论解决实际问题。为了培养学生良好的实验习惯，提高实验质量，电工电子技术实验分为实验前的预习、实验操作和实验报告三个环节。

1. 实验前的预习

实验能否顺利进行，能否达到预期的效果，在很大程度上取决于实验前预习得是否充分。实验课之前的预习应包括以下内容：

(1) 仔细阅读实验内容及与实验内容相关的理论知识，明确实验目的。

(2) 根据实验要求，画出实验电路图以及实验所需的数据记录表格，拟订实验步骤。

(3) 根据每次实验用到的理论知识，估算实验结果。

(4) 了解每次实验所用仪器设备的作用和使用方法。

(5) 理解并记住每次实验中的注意事项。

(6) 写出预习报告。每次实验课前要写出预习报告，预习报告内容应包括：实验目的、实验原理、实验仪器设备、实验电路、实验步骤、理论数据估算和数据记录表格等。

2. 实验操作

为了顺利的完成实验操作，在实验过程中应注意以下几个方面：

(1) 注意用电安全。在实验室用到 220V 或 380V 的交流电时，必须注意用电安全，严禁触摸带电部分。若发生意外触电事故，应立即切断电源。

(2) 动手操作前，先对照实验指导书，认真清点和熟悉实验中用到的实验设备和仪器。

(3) 连接实验电路。连接实验电路必须在断开电源后进行。接线完毕后，要认真检查，经指导教师检查同意后，方可接通电源。

(4) 实验过程中，如果出现任何异常现象或故障，应立即切断电源，并报告指导教师，共同查找原因。待排除故障后再通电继续实验。

(5) 完成实验后，先切断电源，经指导教师允许，方可拆除实验电路，整理好导线和仪器，离开实验室。

3. 实验报告

编写完整的实验报告是对实验过程的全面总结。实验报告要求文理通顺，简明扼要，字迹工整，数据和图表齐全，分析合理、结论正确。实验报告可在预习报告的基础上完成，需要再加入以下内容。

（1）整理和处理原始实验数据，绘制必要的图表、曲线，计算误差。

（2）分析实验结果，包括实验结论、收获体会等，完成实验报告要求内容。

（3）回答思考题。

### 1.1.3　实验室安全用电要求

为了确保实验过程中人员和仪器设备的安全，实验人员必须严格遵守实验室的各项安全操作规定。

（1）认真听取实验室指导教师的讲解。

（2）拆线、接线之前必须先切断电源。给实验电路送电后，身体不能再接触实验电路的带电部分。

（3）连接好实验电路后，应仔细检查，经指导教师允许后方可通电实验。

（4）实验过程中发生任何异常情况（如冒烟、打火、异常声响、过热、异味等）时，应立即切断电源，并报告指导教师。

（5）在进行有电动机的实验时，不要把导线、头发、衣物等靠近电动机的转轴，以防发生意外。

（6）当实验中用到的电源电压可调时，应从零逐渐升高。如有异常，应立即切断电源。

## 1.2　电工电子实验中常见故障的处理

实验过程中，由于各种各样的原因，不可避免地会出现一些故障。如果不能及时发现并排除故障，不仅会影响实验的正常进行，还会造成不必要的损失。故障分为硬故障和软故障两大类：硬故障可以造成元器件或仪器设备的损坏，常常伴有过热冒烟、烧焦味、"吱吱"声或"啪啪"的爆炸声；软故障一般暂时不会造成元器件的损坏，但会使电路中电压、电流的数值不正常或者使信号的波形发生畸变，导致电路不能正常工作。软故障通常是由于接触不良、元器件性能变化等原因引起的，不易发现。

### 1.2.1　常见的故障

实验中发生的故障可分为以下几种。

（1）电源连接错误。有可能是：

1）把交流电源的线电压当作相电压使用，或把相电压当作线电压使用，而线电压是相电压的$\sqrt{3}$倍。

2) 直流电压源的输出电压超出规定值或极性接反,直流电流源的输出电流超出规定值或两个输出端接反。

(2) 电路连接错误。这种故障主要是粗心大意造成的,所以连接实验电路时要认真,并且连接好电路后要仔细检查。

(3) 电源、实验电路、仪器仪表之间公共参考点选择不当或公共参考点连接错误。

(4) 仪器仪表使用不当。如测量模式不对、量程选择不合适、读数错误等。

(5) 干扰。如电源线干扰、接地线干扰、人体干扰、输入端悬空干扰等。

(6) 元器件老化。如连接导线内部断裂、元件参数值与标称值不符等。

### 1.2.2 故障的预防

为了能够顺利、安全地进行实验,减少或避免出现故障,应该对实验中要用到的实验仪器设备、元器件做必要的检查。

1. 通电前的检查

在连接实验电路前,先对所用的实验元器件、导线、实验仪器设备做必要的检查。连接好实验电路后,不要立即通电,应先对实验电路进行以下几个方面的检查。

(1) 检查实验电路中的设备和元器件是否符合要求,对有极性的元器件(如二极管、晶体管、电解电容器等),检查其接法是否正确。

(2) 检查实验电路的连接线是否正确。包括检查电源线、接地线、信号线连接是否正确,有无接触不良或短路现象,有无多接或漏接的情况。

(3) 检查所用实验仪器仪表的工作模式是否正确、量程是否合适。

(4) 检查电源电压是否正常。可用电压表检测电源电压是否符合要求。

2. 通电后的检查

接通电源后,要注意观察实验电路有无异常现象,如出现打火、冒烟、有异味、有异常声响时,应立即切断电源,并报告指导教师。待查出并排除故障后,经指导教师同意方可重新接通电源。

### 1.2.3 故障的检查与排除

故障的检查主要是找出发生故障的原因或发生故障的部位,进而排除故障。通常采用下面两种方法检查实验电路的故障。

1. 断电检查法

当出现具有破坏性的硬故障时,应采用断电检查法检查。切断电源,检查电路中有无短路、开路、元器件损坏等情况。在排除故障之前,不能通电,以防引起更大的损失。

2. 通电检查法

对于软故障，可用示波器、电压表等仪器仪表对电路中某部分的电压或波形进行检测。找出故障点，加以排除。

另外，电路中可能同时存在多个故障，这些故障又可能相互影响。所以，在检查电路故障时一定要耐心细致，逐个检查、排除。

## 1.3　电工电子实验中常用电量的测量

在电工电子实验中，常遇到的电量有电压、电流、功率、频率、时间、放大倍数、输入电阻和输出电阻等。掌握这些电量的测量原理和方法，对顺利地完成实验以及将来从事技术工作都大有益处。常用电量的测量方法有直接测量法和间接测量法，其中直接测量法是一种对被测对象直接进行测量并获得测量数据的测量方法。电工测量大多采用直接测量法，例如对电压、电流、电阻、功率的测量就是直接测量。间接测量法是对一个或几个与被测量有确切函数关系的电量进行测量，然后通过对函数关系的计算或推导得出被测量的测量方法。电子电路的测量往往采用间接测量法，例如对放大电路电压放大倍数的测量，就是先用电压表测得放大电路的输入电压 $U_i$ 和输出电压 $U_o$，再通过 $A_u = U_o/U_i$ 求得。另外，测量时，要根据被测对象是电压、电流还是功率，是直流还是交流，对测量准确度的要求以及被测电路阻抗的大小来选用测量仪表，才能取得较准确的测量结果。

### 1.3.1　常用电工电量的测量

常用的电工电量有电压、电流、电阻、功率等，测量这些电量的仪表称为电工仪表。

1. 电压的测量

电压从频率上分为直流电压、50Hz 工频电压、低频和高频信号电压等。测量电压基本上使用直接测量法，可以用电压表或万用表测量。

测量电压时，应把电压表或万用表并联在被测电路两端。由于电压表或万用表本身有内电阻 $R_V$，相当于把一个电阻 $R_V$ 并联到电路中，这必然会对被测电路中的电压、电流产生影响。为了使测量值较为真实地反映被测电路电压的真值，就要求电压表或万用表的内电阻 $R_V$ 越大越好。所以，要使电压表或万用表的测量满足一定准确度，除了要考虑电压表或万用表的测量范围及测量误差以外，还应考虑电压表或万用表的内阻对被测电路的影响。指针式万用表的内阻较小，且量程不同内阻也不一样，所以只适用于被测电路等效内阻较小或信号源内阻较小的情况；数字式万用表的内阻高达 10MΩ 以上，所以对被测电路影响很小。

（1）直流电压的测量。测量直流电压应使用直流电压表或万用表的直流电压挡。量程选择以大于并接近被测电压值为好。如果使用直流电压表，应将直流电压表的"＋""－"端与被测电路的"＋""－"端对应相接；如果使用数字式万用表，应将黑表笔插"COM"插孔，红表笔插"VΩ"插孔，红、黑表笔分别接于被测电路两端，此时万用表显示屏显示被测电压的数值和极性。

（2）交流电压的测量。测量交流电压应使用交流电压表或万用表的交流电压挡。交流电压表或万用表测量的是交流电压的有效值，无正负之分。测量交流电压时，不仅要考虑电压表或万用表的内阻对被测电路的影响，还应考虑被测电压的频率范围。万用表的频率范围都较窄，指针式万用表一般只能测量 1kHz 以下的信号，数字式万用表如 DT - 830 的频率范围为 45～500Hz，所以不能用万用表测量高频信号。

2. 电流的测量

电流的测量方法有直接测量法和间接测量法两种。

（1）直接测量法。用直接测量法测量电流时，可以选用电流表或万用表。测量时，应把电流表或万用表串联在被测支路中。由于电流表或万用表本身有内电阻 $R_A$，相当于把一个电阻 $R_A$ 串联到电路中，这必然会对被测电路的电压、电流产生影响。为了使测量值能较为真实地反映被测电路电流的真值，要求电流表的内电阻 $R_A$ 越小越好。所以，要使电流表或万用表的测量满足一定准确度，除了要考虑电流表或万用表的测量范围及测量误差以外，还应考虑电流表或万用表的内阻对被测电路的影响。

1）直流电流的测量。测量直流电流应选用直流电流表或万用表的直流电流挡。量程选择以大于并接近被测电流值为好。如果使用直流电流表，应使被测电流从电流表的"＋"端流入、"－"端流出。如果使用数字式万用表，应将黑表笔接"COM"插孔，红表笔接"mA"（<200mA）或"10A"（>200mA）插孔，并将万用表串联于被测电路中，此时万用表显示屏显示被测电流的数值和极性。

2）交流电流的测量。测量交流电流应选用交流电流表或万用表的交流电流挡。量程选择以大于并接近被测电流值为好。交流电流表或万用表测量的是交流电流的有效值，无正负极性之分。

（2）间接测量法。测量某个支路电流，也可通过测量该支路中某个已知电阻 $R$ 两端的电压来间接测量。电压和电流的关系，可由欧姆定律 $I = U_R/R$ 给出。如果被测支路中没有合适的电阻器，可在被测支路中串入一个小阻值电阻器（阻值为 $R$），如图 1 - 1

所示。这个电阻 $R$ 称为采样电阻。在确定采样电阻的阻值时，既要考虑电阻的接入不能对被测电路产生太大的影响，又要使电阻两端的电压值不能太小。

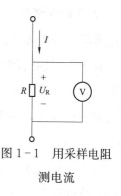

图 1-1  用采样电阻测电流

3. 功率的测量

（1）间接测量法。对于直流电路，因为功率 $P=UI$，所以可以用直流电压表测得负载 $R_L$ 两端的电压 $U$，用直流电流表测得流过负载 $R_L$ 的电流 $I$，两者相乘即得功率。图 1-2 是间接测量直流电路功率的两种测量方法。在负载电流较大时，可采用图 1-2（a）所示的测量方法。因为这时若采用图 1-2（b）所示的测量方法，在电流表内阻上的电压降会更大，而这时电压表的分流作用相对较小。在负载电流较小时，可采用图 1-2（b）所示的测量方法。因为这时若采用图 1-2（a）所示的测量方法，电压表的分流作用会使误差增大。

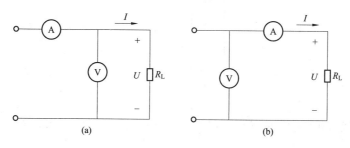

图 1-2  用间接测量法测量直流电路功率的接线

（2）直接测量法。不管是直流电路，还是交流电路，都能够用功率表直接来测功率，而且测量的方法相同。功率表内有两个线圈：一个用来反映负载电压，与负载并联，称为并联线圈或电压线圈；另一个用来反映负载电流，与负载串联，称为串联线圈或电流线圈。由于交流电路的有功功率 $P=UI\cos\varphi$，不仅与电压、电流的大小有关，还与负载的功率因数 $\cos\varphi$ 有关，所以交流电路的功率通常都用功率表直接测量。

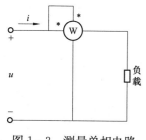

图 1-3  测量单相电路有功功率的接线

1）单相电路有功功率的测量。测量单相电路有功功率的接线如图 1-3 所示。接入功率表时，应注意将功率表的电流线圈串联到负载电路中，将功率表的电压线圈并联在负载两端，而且必须将电流线圈和电压线圈的同名端"＊"接到同一根线上；否则测量结果错误，甚至可能损坏功率表。另外，使用功率表时，还要注意功率表的电流量程和电压量程的选择以大于且接近被测电路的电流和电压为好。

2）三相电路有功功率的测量。在三相电路中，对于三相四线制电路和三相三线制电路，采用不同的方法测量有功功率。

对于三相四线制电路，一般采用三表法测量有功功率，接线如图1-4所示。图中每个功率表的读数是一相负载的功率，三个功率表的读数之和就是三相负载的总功率。若三相负载对称，只需一个功率表测出一相负载的功率，再乘以3就得出三相负载的总功率。

对于三相三线制电路，常采用两表法测量功率，接线如图1-5所示。这里以星形联结的负载为例，来说明图中两个功率表的读数之和就是三相负载的总功率。

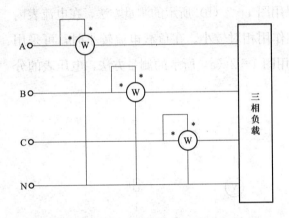
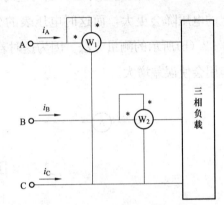

图1-4　三相四线制电路有功功率的测量接线　　图1-5　三相三线制电路有功功率的测量接线

三相三线制电路的瞬时功率等于各相负载的瞬时功率之和，即

$$p = p_A + p_B + p_C$$

$$= u_A i_A + u_B i_B + u_C i_C$$

由于无中性线，因此

$$i_A + i_B + i_C = 0$$

或

$$i_C = -(i_A + i_B)$$

可得

$$p = u_A i_A + u_B i_B - u_C(i_A + i_B)$$

$$= (u_A - u_C)i_A + (u_B - u_C)i_B$$

$$= u_{AC} i_A + u_{BC} i_B$$

所以，三相负载的总功率为

$$P = \frac{1}{T}\int_0^T p\,\mathrm{d}t = \frac{1}{T}\int_0^T (u_{AC}i_A + u_{BC}i_B)\,\mathrm{d}t$$

$$= U_{AC}I_A\cos\varphi_1 + U_{BC}I_B\cos\varphi_2$$

$$= P_1 + P_2$$

上面的结论虽从星形联结的负载导出，但由上式可知，总功率 $P$ 仅与线电压和线电流有关，因此，两表法测量有功功率也适用于三角形联结的负载。

用两表法测量三相电路的有功功率，在正常接法时其中一个功率表指针也可能产生反向偏转，这是由于这个功率表所接的线电压和线电流之间相位差大于 90° 所致。为了读取数值，可将这个功率表的电流线圈反接一下，但在计算功率时，必须把这只反接功率表的读数计为负值。由此看出，两表法测量有功功率时，每一个功率表的单独读数是没有实际意义的。

### 1.3.2 常用电子电量的测量

在电子技术实验中，常遇到的电量有电压、电流、频率、时间、放大倍数和输入电阻、输出电阻等。

#### 1. 电压的测量

电压是电子电路中最基本的参数之一，电子电路中的各种性能指标大多是通过电压的测量而换算得出的。如输入、输出信号电压 $u_i$、$u_o$ 都是对地电压。电压测量基本上使用直接测量法测量，目前采用较多的是电压表法和示波器法。电压表法在前面电工电量的测量中已做了介绍，这里不再重复。

在电子电路中遇到的电压，频率范围宽（从直流到数百兆赫兹）、数值范围宽（从几微伏到数百伏），另外还具有非正弦、交直流并存的特点，所以选用正确的仪表类型进行测量十分重要。

选用电压表时应注意以下几点：

（1）由于电压表并联于被测电路中，为减小仪表输入阻抗的影响，此类仪表的输入阻抗越高越好，一般应在 1MΩ 以上。

（2）选用电压表时，要注意电压表的工作频率范围和电压测量范围两个指标。根据被测信号的工作频率和电压选择适合的电压表。

（3）各种交流电压表如无特别声明，则只能测量正弦波电压的有效值，如果用来测量非正弦波（如方波、三角波、尖脉冲等）电压，将产生较大的误差。

（4）对于非正弦波电压信号，常用的测量仪器是示波器。用示波器测量的最大优点是能够测量各种波形的电压，具体测量方法请参阅本书第 2 章有关示波器使用的相关内容。

2. 频率和时间的测量

频率是电子技术中最基本的参数之一，测量频率的方法有频率计法和示波器法。测量时主要使用示波器法。这里只介绍示波器法。

用示波器测量信号频率的方法很多，常用的有周期法和李沙育图形法。这里只介绍周期法。

示波器都有 $X$ 轴水平扫描系统，它提供一个线性良好的锯齿波电压，使得光点的 $X$ 轴位移与时间成线性关系。目前广泛采用对 $X$ 轴扫描时间进行定量校正后，再把定量值直接刻度在控制旋钮各挡上的方法来测量周期和频率。

例如 6502 型示波器，当扫描时间因数开关"TIME/DIV"的微调旋钮置于校准（CAL）位置时，"TIME/DIV"上的挡位值可以选择 $1\mu s/div$、$10ms/div$ 等，表示荧光屏水平方向一个格（1div）的扫描时间分别为 $1\mu s$ 和 $10ms$。当示波器上显示出稳定、最好是两个周期以上的电压波形时，就可以测量其周期值，周期值的倒数为频率值。读数方法如下：

在 $X$ 轴上测出两个相邻周期同相位点之间的间隔为 $d(\text{div})$，若 $X$ 轴的扫描速度为 $S(t/\text{div})$，则被测周期为

$$T=d\ (\text{div})\ \times S\ (t/\text{div})$$

再计算出频率

$$f=1/T$$

用数字示波器可以很方便地测量频率和时间。具体方法请参阅本书第 2 章有关数字示波器使用的相关内容。

3. 放大电路电压放大倍数的测量

放大倍数是直接衡量放大电路放大能力的主要指标，它包括电压放大倍数 $A_u$、电流放大倍数 $A_i$ 和功率放大倍数 $A_p$。图 1-6 所示为放大电路的示意图。对于信号而言，放大电路可看成一个两端口网络，左边为输入端口，在正弦波信号源 $u_s$、$R_s$ 作用时，放大电路得到输入电压 $u_i$，同时产生输入电流 $i_i$；右边为输出端口，输出电压为 $u_o$，输出电流为 $i_o$，$R_L$ 为负载电阻。

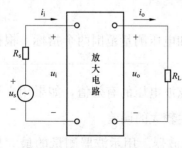

图 1-6　放大电路的示意图

对于小功率放大电路，人们常常只关心放大电路单一指标的放大倍数，如电压放大倍数。对电压放大

倍数的测量，实质上是对电压的测量，分别测出图 1-6 所示电路的输入电压 $U_i$（有效值）和输出电压 $U_o$（有效值），则放大电路的电压放大倍数为

$$A_u = \frac{U_o}{U_i}$$

如果放大电路的电压放大倍数较大，要求输入电压 $U_i$ 较小时，可在信号源与放大电路之间接入一个适当的分压器（由 $R_1$、$R_2$ 组成），电路如图 1-7 所示。设 $r_i$ 为放大电路的输入电阻，当 $R_2 \ll r_i$ 时，放大电路的输入电阻对分压器的影响可以忽略。通过测量 $U_s'$ 和 $U_o$ 的值，可求出电压放大倍数

$$A_u = \frac{U_o}{U_i} = \frac{U_s'}{U_i}\frac{U_o}{U_s'} = \left(1 + \frac{R_1}{R_2}\right)\frac{U_o}{U_s'}$$

测量时应注意：

（1）将输入电压 $u_i$ 的频率调在中频段；

（2）必须用示波器观察输出电压 $u_o$ 的波形，只有在不失真的情况下，测试数据才有意义。

4. 放大电路输入电阻和输出电阻的测量

（1）输入电阻的测量。输入电阻是放大电路的基本动态参数之一。放大电

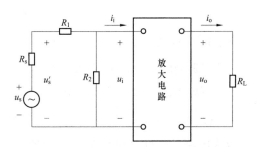

图 1-7　分压法测量电压放大倍数的电路

路与信号源相连，就成为信号源的负载，可用一个等效的阻抗表示，称为放大电路的输入阻抗。放大电路的输入阻抗与其工作频率有关，但在中频段，输入阻抗基本不变，可用输入电阻 $r_i$ 来表示。输入电阻可采用串联取样电阻 $R$ 的方法进行间接测量，电路如图 1-8 所示。只要分别测出 $U_s'$ 和 $U_i$ 的值，就可以计算出输入电阻

$$r_i = \frac{U_i}{I_i} = \frac{U_i}{U_R}R = \frac{U_i}{U_s' - U_i}R$$

测量时应注意：

1）将输入电压 $u_i$ 的频率调在中频段；

2）$u_i$ 幅度要适当，用示波器监测输出电压 $u_o$ 波形，保证输出信号不失真。

3）$U_s'$ 和 $U_i$ 用毫伏表的同一量程测量。

（2）输出电阻的测量。输出电阻是衡量电路带负载能力的重要指标。对负载而言，放大电路的输出端可等效为一个电压源和一个电阻相串联的支路，该电阻 $r_o$ 就称为放大电路的输出电阻。输出电阻通常采用加载测量法，电路如图 1-9 所示。

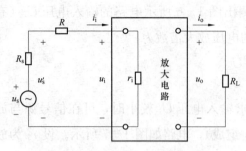

图 1-8　输入电阻的测量电路　　　　　图 1-9　输出电阻的测量电路

测试方法：打开开关 S，不接入负载电阻 $R_L$ 时，测出输出电压为 $U_{oc}$；合上开关 S，接入负载电阻 $R_L$ 后，再测出输出电压为 $U_o$，则输出电阻为

$$r_o = \frac{U_{oc} - U_o}{U_o} R_L$$

测量时应注意：

1）将输入电压 $u_i$ 的频率调在中频段；

2）$u_i$ 幅度要适当，用示波器监测输出电压 $u_o$ 波形，保证输出信号不失真。

5．放大电路幅频特性的测量

放大电路的幅频特性就是其电压放大倍数与信号频率的关系曲线。在保持输入信号 $u_i$ 幅值不变的情况下，改变信号源的频率，分别测出对应每个频率时放大电路的输出电压 $U_o$，计算出电压放大倍数 $A_u = U_o/U_i$。以频率 $f$ 为横坐标，以 $A_u$ 为纵坐标，逐点画

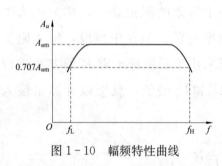

图 1-10　幅频特性曲线

出幅频特性曲线，如图 1-10 所示。在中频段，电压放大倍数较大且近似为常数，设为 $A_{um}$；当信号频率降低或升高时，电压放大倍数均要下降。当信号频率下降使放大倍数下降到 $0.707A_{um}$ 时所对应的频率，称为放大电路的下限截止频率 $f_L$；当信号频率升高使放大倍数下降到 $0.707A_{um}$ 时所对应的频率，称为放大电路的上限截止频率 $f_H$；上、下限截止频率之间的频率范围就是放大电路的通频带 $BW$，即 $BW = f_H - f_L$。

实际测量时，只需选择一些具有代表性的频率点进行测量即可。应先粗略测出放大电路的上、下限截止频率，并注意合理选择测试点的数目。在中频段，电压放大倍数基本为常数，曲线平坦，可少取几个测试点；在低频段或高频段，电压放大倍数下降，曲线下斜，应分别在 $f_L$ 和 $f_H$ 附近，多取几个测试点。在测量过程中，注意要用示波器监测输出电压的波形，保证输出信号始终不失真。

# 2

## 综合实验装置及常用
## 仪器仪表的使用

## 2.1 综 合 实 验 装 置

### 2.1.1 三相电源

实验台三相电源模块可提供三相 0～450V 可调线电压和 0～250V 可调相电压。在三相电源模块内部设有隔离变压器，它将实验用电与供电电网隔离。三相电源实验面板如图 2-1 所示。

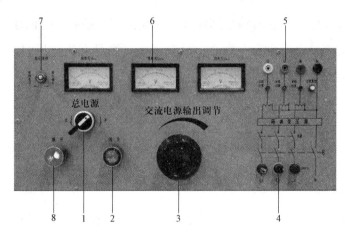

图 2-1 三相电源实验面板

图中 1 为总电源开关。顺时针旋转，闭合三相电源内的三相刀开关，实验台上电，接通线电压为 380V 的电网电压；逆时针旋转，断开三相电网电压。

2 为通电按钮。接通总电源后，按下此按钮，接触器主触头 KM 闭合，隔离变压器通电，可输出三相可调电压。

3 为输出调节旋钮，可调节三相输出电压：向右旋转，调高电压；向左旋转，调低电压。

4 为熔断器。当输出电流过大时，熔断器断开，保护电源。

5 为三相电压输出端。U、V、W 为三根相线，N 为中性线。

6 为指针式交流电压表，它可显示线电压的有效值。

7 为指示选择开关。选择开关扳向左边，电压表指示电源电压；扳向右边，电压表指示输出电压。

8 为断电按钮。按下此按钮，KM 断，隔离变压器断开，三相电源输出为零。

### 2.1.2 交流仪表

该实验台使用的交流仪表包括交流电压表、交流电流表、功率表及功率因数表。

1. 交流电压表

交流电压表面板如图 2-2 所示。该面板上有两个接线插孔、开关和一个四位的 LED 数码管显示屏。

该交流电压表的量程为 0~450V，使用方法如下：

（1）闭合交流电压表的电源开关。

（2）测量。将两根导线的两端分别插入电压表的接线插孔，另两端与被测电路并联。

（3）读数。交流仪表读数为有效值，没有正负。测量交流电压时，交流电压表的四位 LED 数码管显示屏将显示被测电压值。

 注 意

电压表使用时要与被测电路并联，如果串联使用，被测电路相当于断开。

2. 交流电流表

交流电流表面板如图 2-3 所示。该面板上有两个接线插孔、开关、熔断器和一个四位 LED 数码管显示屏。

图 2-2 交流电压表面板

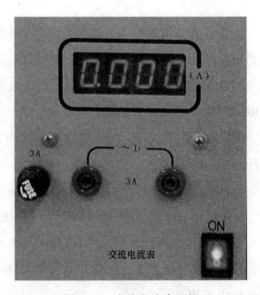

图 2-3 交流电流表面板

该交流电流表的量程为 0～3A，旁边有一个熔断电流为 3A 的熔断器，当所测电流超过 3A 时，熔断器会熔断。其正确使用方法如下：

（1）闭合交流电流表的电源开关。

（2）测量。将两根导线的两端分别插入电流表的两个接线插孔，另两端与被测电路串联。

（3）读数。交流表读数为有效值，没有正负，在四位的 LED 数码管显示屏上读取电流值。

**注意**

电流表使用时要与被测电路串联，如果并联，电流表会因为过电流而损坏。

3. 功率表及功率因数表

功率表及功率因数表合并在一块面板上，称为功率/因数表，如图 2-4 所示。该面板上有四个接线插孔、开关、熔断器和两个五位 LED 数码管显示屏。

功率/因数表的使用方法如下：

（1）闭合功率/因数表的电源开关。

（2）接线。将被测电路串联到电流接线端，并联到电压接线端。

（3）测量。功率表读数为被测电路电流、电压及电压与电流相位差余弦值的乘积，即 $P=UI\cos\varphi$。接线时若电流与电压的公共端连接在一起（电流从公共端进，从另一端出；电压端公共端已接入，另一

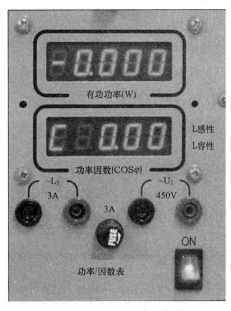

图 2-4　功率/因数表面板

端与被测电路余下一端连接在一起，构成并联），则此时测量值为被测电路的有功功率。

（4）读数。第一个显示屏显示的是被测电路的有功功率，单位为 W；第二个屏显示的是功率因数，显示"L"为感性，显示"C"为容性，纯电阻时显示为"1"。

**注意**

功率表电流接线端应串联到被测电路中，如不慎出现并联，则会因为过电流而损坏。用功率表测量有功功率的一般接法如下：

（1）将电流与电压的公共端连接在一起。

（2）电源相线进电流端的公共端。

（3）电流的另一端串联被测电路。

（4）被测电路一端与电流端串联后，余下一端与电源中性线接在一起。

（5）电压非公共端与电源中性线接在一起。

### 2.1.3　直流电源

#### 1. 直流电压源

该实验台提供的直流电压源采用数字显示，具有短路软保护和自动恢复功能，可提供 0～50V 连续可调电压。其面板如图 2-5 所示。面板上有总开关和上下两个一样的直流电压源，每一个电压源都有一对电压输出插孔、一个四位 LED 数码管显示屏和一个电压调节旋钮。

直流电压源的使用方法如下：

（1）将电压源输出端接到电路中，注意极性，上正、下负（红正、黑负）。

（2）闭合电源开关。

（3）旋转电压调节旋钮，获得所需电压。

 注 意

　　电压源输出电压为恒定值，输出电流由外电路决定，所以电压源在使用时，输出端不允许短接（虽然有短路软保护，但也应避免输出端短接）。

#### 2. 直流电流源

该实验台的直流电流源采用数字显示，具有开路保护，可提供 0～500mA 连续可调电流。其面板如图 2-6 所示。该面板上有一对电流输出插孔、一个四位 LED 数码管显示屏和一个电流调节旋钮。

直流电流源的使用方法如下：

（1）将电流源输出端接到电路中，注意极性，使电流从正极流出，再通过外电路流回负极（红正、黑负）。

（2）闭合电源开关。

（3）选择合适量程。

（4）旋转电流调节旋钮，获得所需电流。

图 2-5　直流电压源面板　　　　图 2-6　直流电流源面板

#### 注意

　　电流源输出电流为恒定值，输出电压由外电路决定，所以电流源在使用时，输出端不允许断开（虽然该直流电流源有开路软保护，但也应避免输出端断开）。

### 2.1.4　直流仪表

直流仪表挂箱上有直流电压表、直流毫安表、直流安培表三块数字显示仪表。

1. 直流电压表

直流电压表面板如图 2-7 所示。该面板上有一个数字显示屏和一对接线插孔。

该直流电压表的量程是 0～200V，使用方法如下：

（1）打开电源开关。

（2）将导线接到接线插孔，注意正负极的正确连接（红正、黑负）。

图 2-7　直流电压表面板

（3）将电压表并联到被测电路中。

（4）读数。数字显示屏显示即为所测电压，单位为 V。

注 意

　　若正极接A，负极接B，则读数为$U_{AB}$。当负极接参考点时，读数为正极所接点的电位。

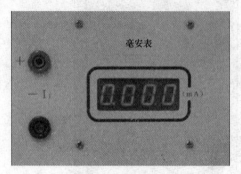

图 2-8　直流毫安表面板

2. 直流毫安表

直流毫安表面板如图 2-8 所示，该面板上有一个数字显示屏和一对接线插孔。

该直流毫安表的量程是 0～200mA，使用方法如下：

（1）打开电源开关。

（2）将导线接到接线插孔，注意极性（红正、黑负）。

（3）将毫安表串联在被测电路中。

（4）读数。数字显示屏显示即为所测电流，单位为 mA。

　　注 意

　　在测量时应使被测电流从直流毫安表的正极流入，负极流出。

3. 直流安培表

该直流安培表的量程是 0～3A，使用方法同直流毫安表，只是读数时应注意，单位是安［培］（A）。

## 2.2　常用仪器仪表的使用

### 2.2.1　数字式万用表

1. 概述

DT920 系列数字式万用表（见图 2-9）操作简单、读数准确、功能齐全、小巧轻便，采用大屏幕液晶显示，最大显示三位半或四位半数字。它具有以下主要特点：

（1）A/D 转换采用 CMOS 技术，可以自动较零、自动极性选择、超量程指示。

（2）高准确度。

（3）折叠结构大液晶显示屏，字高达 25mm，显示屏可自由调整约 70°，以获得最佳观察效果。

(4) 32 个基本挡位旋钮，切换灵活，可更有效地避免误操作。

(5) 具备全量程过载保护功能，机内内置熔断器。

2. 一般特性

数字式万用表的一般特性如下：

(1) 最大显示"19999"即四位半，或"1999"即三位半。

(2) 读数显示率：每秒 2～3 次。

(3) 超量程指示：仅最高位显示"1"。

(4) 自动负极性指示：显示符号"—"。

图 2-9　数字式万用表

(5) 电池不足指示：显示符号"➕➖"。

(6) 具备全量程保护功能。

(7) 电容测量自动调零。

(8) 自动关机：仪表开机约 15min 会自动切断电源，重复按下电源开关可开机。

3. 安全要求和注意事项

数字式万用表使用时，应注意以下要求及事项：

(1) 先检查电池，如显示屏上显示"➕➖"符号，请及时更换电池。

(2) 检查红黑表笔绝缘层是否完好、有无断线或脱头现象。

(3) 按测量需要将量程开关置于正确挡位。

(4) 按测量需要将红黑表笔正确插入相应的输入插孔并插到底，以保证良好接触。

(5) 当改变测试量程或功能时，两只表笔都要与被测电路断开。

(6) 为避免触电和损伤仪表，输入信号不要超过各量程的最大值。

(7) 测量时，公共端"COM"与大地"⏚"之间电位差不要超过 1000V。

(8) 不要测量高于直流 1000V 或交流 750V 的电压。

(9) 虽然有自动关机功能，但测量完毕后，还应关掉电源；仪表长期不用时，应取出电池，以免漏液。

(10) 不要随便改动仪表内部电路，以免损坏及危害安全。

(11) 不要在直射日光、高温、高湿环境中使用或存放。

4. 使用方法

(1) 直流电压和交流电压的测量。

1) 将量程开关置于所需电压量程。

2) 黑表笔插"COM"插孔，红表笔插"VΩ"插孔。

3）表笔与被测电路并联。数字式万用表在显示直流电压数值的同时显示红表笔所接端的极性。

注意

1）在测量之前如不知被测电压范围，应将量程开关置于量程最高挡并逐挡调低。

2）若数字式万用表只在最高位显示"1"，则说明所测量已超过选定量程，应将量程调高。

3）不要测量高于 DC 1000V 或 AC 750V 的电压，虽有可能得到读数，但会损坏仪表内部电路。

（2）直流电流和交流电流的测量。

1）黑表笔插"COM"插孔。当被测值小于 200mA 时，红表笔插"mA"插孔；当被测值为 200mA～10A 时，红表笔插"10A"插孔。

2）将量程开关置于所需电流量程。

3）将表笔与被测电路串联。数字式万用表在显示直流电流数值的同时显示红表笔所接端极性。

注意

1）在测量之前如不知被测电流范围，应将量程开关置于量程最高挡并逐挡调低。

2）若数字式万用表只在最高位显示"1"，则说明所测量已超过选定量程，应将量程调高。

3）插孔"mA"有熔断电流为 200mA 熔断器保护，所测电流超过这个数值时，熔断器将熔断，这时应按规定及时更换熔断器。

4）插孔"10A"无熔断器保护，可连续测量的最大电流为 10A，测量时间应小于 15s。

（3）电阻的测量。

1）黑表笔插"COM"插孔，红表笔插"VΩ"插孔。

2）将量程开关置于所需电阻量程。

3）将表笔跨接在被测电阻两端，读出显示值。

注意

1）红表笔所接端极性为"+"。

2）开路显示超量程状态，即显示为"1"。

3）使用 200MΩ 量程测量时，若表笔短接，万用表读数会为"1.0"，为正常现象，实际测量结果应为测量显示值减去 1.0。

（4）电容的测量。

1）量程开关置于所需电容量程，显示会自动校零。

2）将被测电容插入"Cx"电容输入插孔，读取显示值。

 注 意

测试前被测电容应先放电完毕，以免损伤万用表。

（5）二极管的测试。

1）将量程开关置于"━▶┃━"挡位。

2）黑表笔接"COM"插孔，红表笔插入"VΩ"插孔。

3）将表笔并接到被测二极管上，这时万用表显示为二极管正向压降值；当二极管反接时，显示为超量程状态。

输入端开路时，显示为超量程状态，即最高位显示"1"。

二极管测试挡位正向直流电流约为1mA，反向直流电压约为3V。

（6）蜂鸣通断的测试。

1）黑表笔接"COM"插孔，红表笔插入"VΩ"插孔。

2）将开关置于"•))"挡位。

3）将表笔跨接在被测电路两端，当两端间的电阻小于70Ω时，蜂鸣器便会发出声响。

注 意

1）当输入端开路时，仪表显示为超量程状态。

2）被测电路必须在切断电源状态下检查通断，因为任何负载信号都可能使蜂鸣器发声，导致错误判断。

（7）晶体管 $h_{FE}$ 的测量。

1）量程开关置于"hFE"挡位。

2）确认晶体管是PNP型还是NPN型，将晶体管三个管脚分别插入测试插座对应的E、B、C插孔中。

3）显示读数为晶体管 $h_{FE}$ 的近似值。

测试条件：基极电流 $10\mu A$，集—射极电压约3V。

### 2.2.2 信号发生器

实验台提供一台能产生正弦波信号、三角波信号、矩形波信号、脉冲信号的信号发生器。该信号发生器除了具有产生信号功能外，还可测量信号的频率。信号发生器面板如图 2-10 所示。该面板上有 1 个数字显示屏、8 个功能指示灯、3 个调节旋钮，6 个功能选择按钮、两个波形输出插孔、1 个接地插孔、1 个测频输入插孔和电源开关。

图 2-10　信号发生器面板

信号发生器使用方法如下：

（1）打开电源开关。

（2）接线。地插孔的接线即为信号发生器的地，使用时地插孔应与被接电路地接到一起。当需要输出正弦波、三角波、矩形波时，应选择"波形输出"插孔；当需要输出脉冲信号时，应选择"脉冲输出"插孔。

（3）衰减选择。当需要的信号幅值较小时，可选择合适的"衰减"挡获得所需信号。

（4）测频。按下"测频"按钮，将被测信号的地与信号发生器的地连接，将被测信号接入信号发生器的"测频输入"端，数字显示屏的示数即为被测信号的频率。

（5）幅度调节。通过示波器或电压表显示，调节幅度调节旋钮获得所需信号。

（6）频率调节。通过数字显示屏读数，调节频率调节（粗调或细调）旋钮获得所需信号。

### 2.2.3　数字示波器

SDS1000 系列数字示波器是小型、轻便的便携式仪器，可以用地电压为参考进行测量。

1. 前面板及用户界面

SDS1000 系列数字示波器提供简单而明晰的前面板，如图 2-11 所示。该面板上的这些控制按钮按照逻辑分组显示，只需选择相应按钮便可进行基本操作。其用户界面如图 2-12 所示。

2. 功能介绍及操作

为了有效地使用示波器，需要了解示波器的菜单和控制按钮、自动设置、垂直系统、水平系统、显示系统和测量系统等。

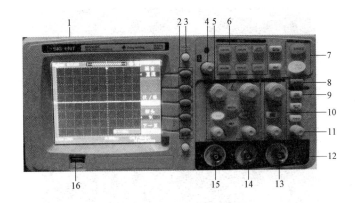

图 2-11　　SDS1000 系列数字示波器前面板

1—电源开关；2—选项按钮；3—菜单按钮；4—万能旋钮；

5—垂直控制；6—常用功能按钮；7—执行控制；8—AUTO 按钮；9—触发控制；

10—水平控制；11—触发电平旋钮；12—探头元件；13—外触发输入通道；

14—模拟信号输入通道 Y；15—模拟信号输入通道 X；16—USB 接口

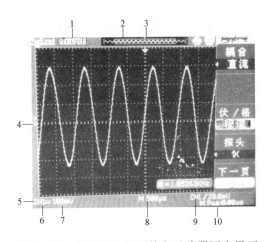

图 2-12　SDS1000 系列数字示波器用户界面

1—触发状态；2—当前波形窗口在内部存储器中的位置；3—水平触发位置；

4—波形的通道标志；5—波形的接地参考点；6—通道的垂直刻度系数；7—主时基设置；

8—选定的触发类型；9—以"边沿""脉冲宽度"触发的触发电平及当前信号频率；10—主时基波形的水平位置

（1）菜单和控制按钮。示波器的整个操作区域及控制按钮如图 2-13 所示。各按钮功能说明如下：

［CH1］、［CH2］：显示通道 1、通道 2 设置菜单。

［MATH］：显示"数学计算"功能菜单。

［REF］：显示"参考波形"菜单。

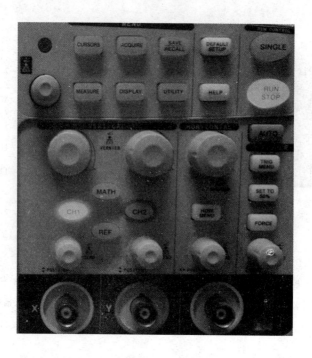

图 2-13　操作区域及控制按钮

［HORI MENU］：显示"水平"菜单。

［TRIG MENU］：显示"触发"控制菜单。

［SET TO 50％］：设置触发电平为信号幅度的中点。

［FORCE］：无论示波器是否检测到触发，都可以使用"FORCE"按钮完成当前波形采集。

［SAVE/RECALL］：显示设置和波形的"储存/调出"菜单。

［ACQUIRE］：显示"采集"菜单。

［MEASURE］：显示"自动测量"菜单。

［CURSORS］：显示"光标"菜单。

［DISPLAY］：显示"显示"菜单。

［UTILITY］：显示"辅助功能"菜单。

［DEFAULT］［SETUP］：调出厂家设置。

［HELP］：进入在线帮助系统。

［AUTO］：自动设置示波器控制状态，以产生适用于输出信号的显示图形。

［RUN/STOP］：连续采集或停止采集波形。

［SINGLE］：采集单个波形，然后停止。

（2）自动设置。SDS1000 系列数字示波器具有自动设置的功能。根据输入的信号，可自动调整电压挡位、时基以及触发方式至最好形态显示。[AUTO] 按钮为自动设置的功能按钮。自动设置功能菜单见表2-1。

表 2-1 自动设置功能菜单

| 选项 | 说明 |
| --- | --- |
| 多周期 | 设置屏幕自动显示多个周期信号 |
| 单周期 | 设置屏幕自动显示单个周期信号 |
| 上升沿 | 自动设置并显示上升时间 |
| 下降沿 | 自动设置并显示下降时间 |
| 撤销 | 调出示波器以前的设置 |

自动设置可在刻度区域显示几个自动测量结果。自动设置时，根据以下条件来确定触发源：

1) 如果多个通道有信号，则以具有最低频率信号的通道作为触发源。

2) 未发现信号时，则将调用自动设置时所显示编号最小的通道作为触发源。

3) 未发现信号且未显示任何通道，示波器将显示并使用 CH1。如 CH1 接入一信号，按下 [AUTO] 按钮后的屏幕显示如图 2-14 所示。

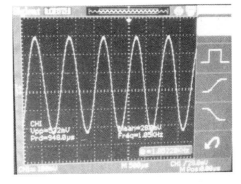

图 2-14 按下 [AUTO] 按钮后的屏幕显示

(3) 垂直系统。如图 2-15 所示，在垂直控制区 (VERTICAL) 有一系列的旋钮、按钮。垂直控制旋钮、按钮可用来显示波形、调整垂直刻度和位置。每个通道都有单独的垂直菜单，可进行单独设置。

1) CH1、CH2 的设置。设置通道耦合如图 2-16 所示。

以 CH1 为例，被测信号是一个含有直流偏置的正弦信号，设置不同，显示结果不同：

按 [CH1]→[耦合]→[交流]，设置为交流耦合方式，被测信号含有的直流分量被阻隔，如图 2-16 所示。

按 [CH1]→[耦合]→[直流]，设置为直流耦合方式，被测信号含有的直流分量和交流分量都可以通过。

按 [CH1]→[耦合]→[接地]，设置为接地方式，被测信号含有的直流分量和交流分量都被阻隔，示波器跟测试地相连，显示零电平信号。

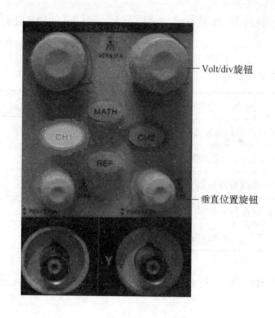

Volt/div旋钮

垂直位置旋钮

图 2-15　垂直控制旋钮、按钮 　　　　　　　　图 2-16　设置耦合

2) 设置通道带宽限制（可选功能）。以 CH1 为例，设被测信号是一个含有高频振荡的脉冲信号，设置方式如下：

按 [CH1]→[带宽限制]→[开启]，设置带宽限制为开启状态，则被测信号含有的频率大于 20MHz 的高频分量幅度被限制。

按 [CH1]→[带宽限制]→[关闭]，设置带宽限制为关闭状态，则被测信号含有高频分量幅度未被限制。

3) 挡位调节设置。垂直挡位调节分为粗调和细调两种模式，垂直灵敏度的范围是 2mV/div～5V/div。以 CH1 通道为例说明设置方法。

按 [CH1]→[Volt/div]→[粗调]，以 1-2-5 方式确定垂直灵敏度。

按 [CH1]→[Volt/div]→[细调]，在当前垂直挡位内进一步调整。如果输入的波形幅度在当前挡位略大于满刻度，而应用下一挡位波形显示幅度稍低，可以应用细调来改善波形显示幅度，以利于观察信号细节。

4) 探头比例设置。为了配合探头的衰减系数，需要在相应通道操作菜单调节探头衰减比例系数。如若探头衰减系数为 10∶1，则示波器输入通道的比例也应设置为 10×，以避免显示的挡位信息和测量的数据发生错误。

以 CH1 通道为例，若应用 100∶1 探头，则操作应为：

按 [CH1]→[探头]→[100×]。

5) 波形反相设置。以 CH1 通道为例，具体的设置方法如下：

按［CH1］→［反相］→［开启］，显示信号的相位翻转180°。

6）数字滤波设置。仍以CH1通道为例，具体的设置方法如下：

按［CH1］→［下一页］→［数字滤波］，系统显示FILTER数字滤波功能菜单，选择"滤波类型"，再选择"频率上限"或"频率下限"，旋转［万能］旋钮设置频率上限和下限，选择或滤除设定频率范围。

按［CH1］→［下一页］→［数字滤波］→［关闭］，关闭数字滤波功能。

按［CH1］→［下一页］→［数字滤波］→［开启］，打开数字滤波功能。

7）［POSITION］旋钮的使用：

① 此旋钮调整所在通道波形的垂直位置。这个控制钮的分辨率根据垂直挡位而变化。

② 调整通道波形的垂直位置时，屏幕在左下角显示垂直位置信息。

③ 按下垂直［POSITION］旋钮可使垂直位置归零。

8）［Volt/div］（伏/格）旋钮的使用：

① 可以使用［Volt/div］旋钮调节所有通道的垂直分辨率、控制器，放大或衰减通道波形的信源信号。旋转［Volt/div］旋钮时，状态栏对应的通道挡位显示发生了相应的变化。

② 当使用［Volt/div］旋钮的按下功能时，可以在［粗调］和［细调］间进行切换：粗调是以1−2−5方式步进确定垂直挡位灵敏度，顺时针增大，逆时针减小垂直灵敏度；细调是在当前挡位进一步调节波形显示幅度，同样是顺时针增大，逆时针减小显示幅度。

（4）水平系统。如图2−17所示，在水平控制区（HORIZONTAL）有一个按键、两个旋钮。

1）［HORI MENU］按钮。按［HORI MENU］按钮，显示［HORI MENU］水平菜单，在此菜单下可以"开启/关闭"窗口模式。此外，它还可以设置水平［POSITION］旋钮的触发位移。

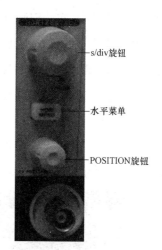

s/div旋钮

水平菜单

POSITION旋钮

图2−17 水平控制部分

垂直刻度的轴为接地电平。靠近显示屏右下方的读数（单位：s）显示当前的水平位置。M表示主时基，W表示窗口时基。示波器还在刻度顶端用一个箭头图标来表示水平位置。水平系统的功能菜单见表2−2。

使用水平控制旋钮可改变水平刻度（时基）、触发在内存中的水平位置（触发位移）。屏幕水平方向上的中心是波形的时间参考点。改变水平刻度会导致波形相对于屏幕中心扩张或收缩。水平位置改变波形相对于触发点的位置。

表 2 - 2　　　　　　　　　　　　　　　　水平系统的功能菜单

| 选项 | 说　　明 |
|------|---------|
| 主时基 | 水平主时基设置用于显示波形 |
| 视窗设定 | 两个光标定义一个窗口区，用水平［POSITION］和［s/div］控制调整窗口区 |
| 视窗扩展 | 视窗扩展将视窗设定的区域进行扩展到覆盖整个显示屏，相对主时基提高了分辨率，以便查看图像细节 |
| 延迟扫描 | 开启：显示原始波形，同时在屏幕下半部分对选定波形区域进行水平扩展；关闭：关闭延迟扫描功能，只显示原始波形 |
| 存储深度 | 普通存储：设定存储深度为普通存储 |
|  | 长存储：设定存储深度为长存储，以获取更多的波形点数 |

2）［POSITION］旋钮。

① 调整通道波形的水平位置（触发相对于显示屏中心的位置）。这个旋钮的分辨率根据时基而变化。

② 使用水平［POSITION］旋钮的按下功能可以使水平位置归零。

3）［s/div］旋钮。

① 用于改变水平时间刻度，以便放大或缩小波形。如果停止波形采集（使用［RUN/STOP］或［SINGLE］按钮实现），［s/div］旋钮控制就会扩展或压缩波形。

② 调整主时基或窗口时基，即 s/div。当使用窗口模式时，通过旋转［s/div］旋钮改变窗口时基来改变窗口宽度。

③ 连续旋转［s/div］旋钮可在"主时基"、"视窗设定"及"视窗扩展"选项间切换。

（5）显示系统。

如图 2 - 18 所示，［DISPLAY］为显示系统的功能按键。显示系统功能菜单如图 2 - 19 所示。显示系统功能菜单说明见表 2 - 3。

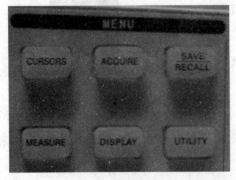

图 2 - 18　显示系统功能按钮［DISPLAY］

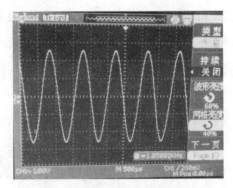

图 2 - 19　显示系统功能菜单

**表 2 - 3　　　　　　　　　　显示系统功能菜单说明**

| 选项 | 设置 | 说　　　明 |
|---|---|---|
| 类型 | 矢量 | 采样点之间通过连线方式显示 |
| | 点 | 采样点间显示没有插值连线 |
| 持续 | 关闭 | |
| | 1s | |
| | 2s | 设定保持每个显示的取样点显示的时间长度 |
| | 5s | |
| | 无限 | |
| 波形亮度 | 0~100% | 设置波形亮度 |
| 网格亮度 | 0~100% | 设置网格亮度 |
| 下一页 | Page 1/3 | 按此按钮进入第二页菜单 |
| 格式 | YT | 显示相对于时间（水平刻度）的垂直电压 |
| | XY | 显示每次在 CH1、CH2 采样 |
| 屏幕 | 正常 | 屏幕为正常显示模式 |
| | 反相 | 屏幕为反相显示模式 |
| 网格 | | 打开背景网格及坐标 |
| | | 关闭背景网格 |
| | | 关闭背景网格及坐标 |
| 菜单显示 | | 设置菜单显示保持的时间 |
| 下一页 | Page 2/3 | 按此按钮进入显示第三页菜单 |
| 界面方案 | | 设置界面显示风格 |
| 下一页 | Page 3/3 | 按此按钮进入显示第一页菜单 |

操作说明：

1）设置波形显示类型。按［DISPLAY］按钮，进入显示菜单。按"类型"选项选择"矢量"或"点"。

① 设置持续。按"持续"选项，选择"关闭"、"1s"、"2s"、"5s"或"无限"。

② 设置波形亮度。按"波形亮度"选项，旋转万能旋钮可调节波形的亮度。

③ 设置网格亮度。按"网格亮度"选项，旋转万能旋钮可调节网格的亮度。

④ 设置显示格式。按"下一页"选项，进入第二页菜单。按"格式"选项选择"YT"或"XY"。

其他选项设置方法类似。

2）XY 格式。XY 格式用来分析相位差，如由李沙育模式所描述的相位差。该格式显示每次在 CH1 和 CH2 采样的点，CH1 的电压确定点的 $X$ 坐标（水平），CH2 的电压确定该点的 $Y$ 坐标（垂直）。示波器使用未触发的取样模式并将数据显示为点。

控制操作如下：

① 通过 CH1 ［Volt/div］ 和垂直 ［POSITION］ 旋钮设置水平刻度和位置。

② 通过 CH2 ［Volt/div］ 和垂直 ［POSITION］ 旋钮设置垂直刻度和位置。

③ 旋转 "s/div" 旋钮可调节采样率，以便更好地观察波形。

（6）测量系统。示波器可显示电压相对于时间的图形，并测量这些波形，测量时可以使用刻度、光标或实现自动测量。

1）刻度测量。利用网格的刻度能快速、直观地对电压波形进行测量。

例如，如果计算出电压波形的最大和最小之间有 5 个主垂直刻度分度，并且已知比例系数为 100mV/div，则 "峰—峰" 值电压为

$$5div×100mV/div＝500\ mV$$

2）光标测量。［CURORS］ 按钮为光标测量的功能按钮。

光标测量有手动方式、追踪方式、自动方式三种模式。

a. 手动方式。水平或垂直光标成对出现，用来测量电压或时间，手动方式即为手动调整光标间距的测量方式。在使用光标前，需先将信号源设定为所要测量的波形。

操作步骤如下：

① 按 ［CURSOR］ 按钮进入光标功能菜单。

② 按 "光标模式" 选项选择 "手动"。

③ 按 "类型" 选项选择 "电压" 或 "时间"。

④ 根据信号输入通道，按 "信源" 选项按钮选择相应的 CH1/CH2。

⑤ 选择 ［Cur A］，旋转万能旋钮调节光标 A 的位置。

⑥ 选择 ［Cur B］，旋转万能旋钮调节光标 B 的位置。

⑦ 其测量值显示在屏幕的左上角，如图 2-20 所示。

b. 追踪方式。水平与垂直光标交叉构成十字光标。十字光标自动定位在波形上，通过旋转万能旋钮来调节十字光标在波形上的水平位置。光标点的坐标会显示在示波器的屏幕上。

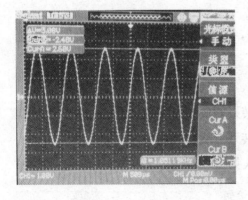
图 2-20 光标测量

追踪方式是在被测波形上显示十字光标，通

过移动光标间的水平位置，光标自动在波形上定位，并显示当前定位点的水平、垂直坐标和两光标间水平、垂直的增量。水平坐标以时间值显示，垂直坐标以电压值显示。

操作步骤如下：

① 按［CURSOR］按钮进入光标测量功能菜单。

② 按"光标模式"选项按钮选择"追踪"。

③ 按［光标 A］选项按钮，选择追踪信号的输入通道 CH1/CH2 任一通道。

④ 按［光标 B］选项按钮，选择追踪信号的输入通道 CH1/CH2 任一通道。

⑤ 选择［Cur A］旋转万能旋钮水平移动光标 A。

⑥ 选择［Cur B］旋转万能旋钮水平移动光标 B。

其测量值显示在屏幕的左上角，如图 2-20 所示。

c. 自动方式。在此方式下，系统会根据信号的变化，自动调整光标位置，并计算相应的参数值。

自动方式时屏幕显示当前自动测量参数所应用的光标。若在自动方式菜单下未选择任何的自动测量参数，将没有光标显示。自动方式测量界面如图 2-21 所示。

操作步骤如下：

① 按［CURSOR］按钮进入光标测量菜单。

② 按［光标模式］按钮选择"自动测量"。

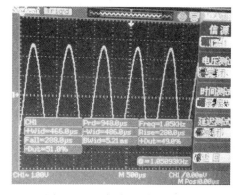

图 2-21　自动方式测量界面

③ 按［MEASURE］按钮进入自动测量菜单，选择要测量的参数。

自动测量参数有电压测量、时间测量、延迟测量三种，共 32 个测量项，一次最多可以显示 5 种。

# 3

电工技术实验

# 3.1　常用元器件的伏安特性

**一、实验目的**

（1）学习元器件伏安特性的逐点测试方法。

（2）加深对线性和非线性电阻元件的理解。

（3）掌握直流电压源、直流电压表及直流电流表的使用方法。

**二、实验原理**

任一个二端元件的特性可用通过该元件的电流 $I$ 与加在该元件两端的电压 $U$ 之间的函数关系 $I = f(U)$ 来表示，或用 $i$—$u$ 平面上的一条曲线来描述，这条曲线称为该元件的伏安特性曲线。

1. 线性电阻元件的伏安特性

线性电阻元件的伏安特性曲线是一条通过坐标原点的直线，如图 3-1 所示。该直线的斜率等于该电阻阻值的倒数。线性电阻元件的阻值为常数，其电压和电流的关系满足欧姆定律。

2. 白炽灯的伏安特性

一般的白炽灯在工作时灯丝处于高温状态，其灯丝阻值随温度的升高而增大。即通过灯丝的电流越大。其温度越高，阻值也越大。一般灯泡的"冷电阻"与"热电阻"的阻值可相差几倍至十几倍，它的伏安特性曲线如图 3-2 所示。

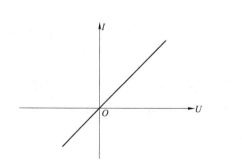

图 3-1　线性电阻的伏安特性

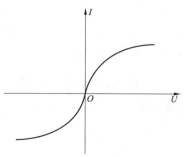

图 3-2　白炽灯的伏安特性

3. 二极管的伏安特性

普通的二极管是一种非线性器件，其伏安特性如图 3-3 所示。二极管的阻值与其

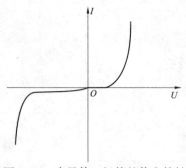

图 3-3　半导体二极管的伏安特性

端电压的大小和极性有关。当所加正向电压很小时，二极管的电流为零；当正向电压超过某个值时，电流随正向电压的增大而急剧增大，二极管处于导通状态。可见，二极管正向导通时的电阻很小。使二极管开始导通的临界电压称为开启电压，硅管的开启电压约为 0.5V，锗管约为 0.1V。正向导通后管压降变化较小，硅管为 0.6～0.8V，锗管为 0.1～0.3V。而加反向电压时，在一定范围内，其反向电流很小，几乎为零，二极管处于截止状态。所以，反向电阻非常大。但反向电压加得过高，超过管子的极限值，则会导致管子击穿损坏。可见，二极管具有单向导电性。

### 三、实验设备及元器件

(1) 直流电压源　　　　　　1台
(2) 直流电压表　　　　　　1块
(3) 直流毫安表　　　　　　1块
(4) 直流微安表　　　　　　1块
(5) 线性电阻　　　　　　　2个
(6) 白炽灯　　　　　　　　1个
(7) 二极管　　　　　　　　1个
(8) 电流插头　　　　　　　1个

### 四、注意事项

(1) 直流电压源的输出端不能短路。

(2) 测量前，应先估算电压和电流的大小，合理选择仪表的量程，切勿使仪表超量程，并要注意仪表的极性不可接错。

(3) 测定二极管正向特性时，直流电压源输出应由小到大逐渐增加，并时刻注意电流表读数不得超过 25mA；测反向特性时，加在二极管上的最大反压不能超过 30V。

### 五、预习要求

(1) 阅读本书的 1.3，了解电压和电流的测量方法。

(2) 阅读本书的 2.1，了解直流电压源、直流电压表以及直流毫安表的使用方法。

(3) 了解所用元器件的伏安特性。

**六、实验内容及步骤**

1. 测定线性电阻的伏安特性

先将直流电压源调至 0V，然后按图 3-4 (a) 所示电路接线，从 0V 开始由小到大缓慢改变电压源的输出，用直流电压表测量 $R_L$ 上的电压 $U$，将接直流毫安表的电流插头插入电流插座，测量通过 $R_L$ 的电流 $I$，并将数据记入表 3-1。注意电流表的读数不能超过 25mA。

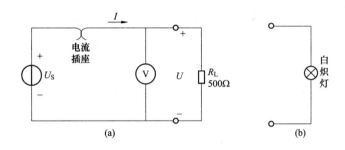

图 3-4 测定电阻元件伏安特性的实验电路

表 3-1　　　　　　　　　　　　线性电阻的伏安特性实验数据

| $U$ (V) | 0 | 2 | 4 | 6 | 8 | 10 |
|---|---|---|---|---|---|---|
| $I$(mA) | | | | | | |
| 计算 $R_L$(Ω) | | | | | | |

2. 测定非线性白炽灯的伏安特性

将图 3-4 (a) 所示电路中的电阻 $R_L$ 换成图 3-4 (b) 所示的小白炽灯，其额定电压为 6.3V。重复实验内容 1 的步骤，测定白炽灯的伏安特性，并将数据记入表 3-2。

表 3-2　　　　　　　　　　　　白炽灯的伏安特性实验数据

| $U$(V) | 0 | 0.2 | 0.4 | 0.6 | 0.8 | 2 | 5 | 6.3 |
|---|---|---|---|---|---|---|---|---|
| $I$(mA) | | | | | | | | |
| 计算 $R$(Ω) | | | | | | | | |

3. 测定二极管的伏安特性

测量二极管的伏安特性，电路如图 3-5 所示。通过调节电压源输出的数值，测量二极管的伏安特性。

（1）按图 3-5（a）接线，$R$ 为限流电阻，调节电压源的输出，使直流电压表的读数分别为表 3-3 中的数据，用直流毫安表（接电流插头）测量流过二极管正向电流，并将数据记入表 3-3。

（2）按图 3-5（b）接线，给二极管加反向电压，调节电压源的输出，使直流电压表的读数分别为表 3-4 中的数据，用直流微安表测量流过二极管的反向电流，并将数据记入表 3-4 中。注意反向电压不能超过 30V。

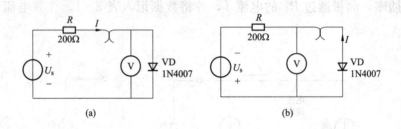

图 3-5　二极管伏安特性的测量

（a）二极管正向特性的测量电路；（b）二极管反向特性的测量电路

**表 3-3　　　　　　　　　二极管的正向特性实验数据**

| $U$(V) | 0 | 0.2 | 0.4 | 0.45 | 0.5 | 0.55 | 0.6 | 0.65 | 0.7 | 0.75 |
|---|---|---|---|---|---|---|---|---|---|---|
| $I$(mA) | | | | | | | | | | |

**表 3-4　　　　　　　　　二极管的反向特性实验数据**

| $U$(V) | 0 | 5 | 10 | 15 | 20 | 25 | 30 |
|---|---|---|---|---|---|---|---|
| $I$($\mu$A) | | | | | | | |

### 七、思考题

（1）线性电阻与非线性电阻的概念是什么？其伏安特性有何区别？

（2）如何计算线性电阻与非线性电阻的电阻值？

### 八、实验报告要求

（1）根据实验数据在坐标纸上分别绘出各被测元器件的伏安特性曲线（二极管的正、反向特性要画在同一坐标中）。

（2）根据实验结果，总结被测各元器件的特性。

## 3.2 电源外特性的测定及电源的等效变换

**一、实验目的**

(1) 学习直流电源外特性的测定方法。

(2) 理解实际电源的两种电路模型及其等效变换的条件。

(3) 通过实验加深对理想电压源和理想电流源特性的理解。

**二、实验原理**

1. 理想电压源和理想电流源

理想直流电压源具有端电压保持恒定不变、输出电流的大小由负载决定的特性，其外特性，即端电压 $U$ 与输出电流 $I$ 的关系 $U = f(I)$，是一条平行于 $I$ 轴的直线。实验中使用的电压源在一定的电流范围内，可以视为一个理想电压源。

理想直流电流源具有输出电流保持恒定不变、端电压的大小由负载决定的特性，其外特性，即输出电流 $I$ 与端电压 $U$ 的关系 $I = f(U)$，是一条平行于 $U$ 轴的直线。实验中使用的电流源在一定的电流范围内，也可以视为一个理想电流源。

2. 实际电源模型

实际电源都有内阻，其端电压或端电流并不是恒定的，而是随负载的改变而改变。一个实际电源可用一个小电阻和一个电压源的串联来模拟，称为电压源模型；一个实际电源也可用一个大电阻与一个电流源的并联来模拟，称为电流源模型。

3. 两种电源模型的等效变换

一个实际电源，就其外部特性而言，既可以用电压源模型表示，又可以用电流源模型表示，两种模型之间可以等效变换，如图 3-6 所示。等效是指它们向同一负载供电时，其端电压、端电流分别相等，有相同的外特性。

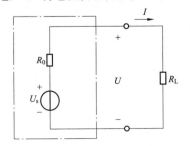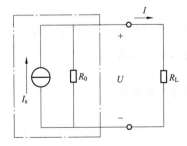

图 3-6 实际电源的两种模型

电压源与电流源等效变换的条件为

$$\begin{cases} I_s = \dfrac{U_s}{R_0} \\ R'_0 = R_0 \end{cases} \quad \text{或} \quad \begin{cases} U_s = I_s R_0 \\ R_0 = R'_0 \end{cases}$$

### 三、实验设备与元器件

| | |
|---|---|
| (1) 直流电压源 | 1 台 |
| (2) 直流电流源 | 1 台 |
| (3) 直流电压表 | 1 块 |
| (4) 直流毫安表 | 1 块 |
| (5) 可变电阻箱 | 1 个 |
| (6) 电位器 | 1 个 |
| (7) 电阻 | 4 个 |
| (8) 电流插头 | 1 个 |

### 四、注意事项

(1) 拆接电路前，必须先关闭电源开关。

(2) 电压源不能短路，电流源不能开路。电源接入电路前应先调为零，接入电路后，再缓慢由小到大调至规定值。

(3) 在测量电压源外特性时，不要忘记测空载时的电压值；测电流源外特性时，不要忘记测短路时的电流值。

### 五、预习要求

(1) 复习实际电源的两种模型及其等效变换的条件。

(2) 根据实验电路给出的参数，计算待测的电压和电流的值，以便实验时与测量值比较。

(3) 画出实验内容及步骤中要求自拟的电路。

(4) 自拟数据表格。

### 六、实验内容及步骤

1. 测定电压源与实际电压源的外特性

(1) 电压源的外特性。按图 3-7 所示电路接线，直流电压源输出 $U_s = 10$V，用直流电压表、直流毫安表分别测量电源的端电压 $U$ 和端电流 $I$。由大到小调节电位器 $R_2$，当电流表的读数为表 3-5 中所要求的数据时，分别将电压表的读数记入表 3-5。

（2）实际电压源的外特性。按图 3-8 所示电路接线，用虚线框内的电压源模型来模拟实际电压源。用直流电压表、直流毫安表分别测量实际电压源的端电压 $U$ 和端电流 $I$，由大到小调节电位器 $R_2$。当电流表的读数为表 3-5 中所要求的数据时，分别将电压表的读数记入表 3-5。

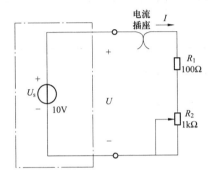

图 3-7　测定电压源外特性的实验电路

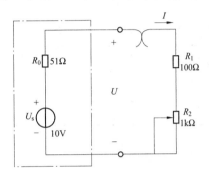

图 3-8　测定实际电压源外特性的实验电路

2. 测定电流源与实际电流源的外特性

（1）电流源的外特性。按图 3-9 所示电路接线，调节直流电流源的输出为 $I_s = 10\text{mA}$，改变可变电阻 $R_L$ 分别为表 3-6 中的值，用直流电压表、直流毫安表分别测量恒流源的端电压 $U$ 和端电流 $I$，将测量数据记入表 3-6 中。

**表 3-5** 　　　　　　　　　　　电压源和实际电压源的外特性

| $I$(mA) | 0 | 15 | 20 | 25 | 30 | 35 | 40 | 45 |
|---|---|---|---|---|---|---|---|---|
| 电压源端电压 $U$(V) | | | | | | | | |
| 实际电压源端电压 $U$(V) | | | | | | | | |

（2）实际电流源的外特性。按图 3-10 所示电路接线，点画线框内的电流源模型用

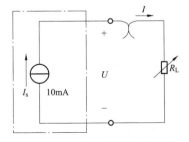

图 3-9　测定电流源外特性的实验电路

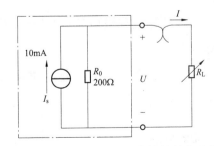

图 3-10　测定实际电流源外特性的实验电路

来模拟实际电流源。改变可变电阻 $R_L$ 分别为表 3-7 中的值，用直流电压表、直流毫安表测量实际电流源的端电压 $U$ 和端电流 $I$，将测量数据记入表 3-7 中。

表 3-6                    **电流源的外特性**

| $R_L(\Omega)$ | 0 | 100 | 200 | 300 | 400 | 500 | 600 | 700 |
|---|---|---|---|---|---|---|---|---|
| $U(V)$ | | | | | | | | |
| $I(mA)$ | | | | | | | | |

表 3-7                    **实际电流源的外特性**

| $R_L(\Omega)$ | 0 | 50 | 100 | 150 | 200 | 250 | 300 | 350 |
|---|---|---|---|---|---|---|---|---|
| $U(V)$ | | | | | | | | |
| $I(mA)$ | | | | | | | | |

3. 电源等效变换

根据电源等效变换的条件，自行画出与图 3-10 等效的电压源模型，并按所画电路接线。改变 $R_L$ 仍为表 3-7 中的阻值，测量所构成的电压源模型的端电压和端电流的值，将数据记入自拟的数据表格中。并与表 3-7 中的数据比较，验证两种模型对外电路 $R_L$ 是否等效。

**七、思考题**

(1) 实际电压源的输出端为什么不允许短路？

(2) 理想电压源和理想电流源能否进行等效变换？为什么？

**八、实验报告要求**

(1) 根据所测数据，绘制理想电压源、理想电流源及实际电压源、实际电流源的外特性曲线。

(2) 比较两种电源模型等效变换后的结果，并分析产生误差的原因。

## 3.3  基尔霍夫定律和叠加定理及其适用条件的验证

**一、实验目的**

(1) 验证基尔霍夫定律的正确性和适用条件，加深对基尔霍夫定律的理解和运用。

（2）验证叠加定理的正确性和适用条件，加深对叠加定理的理解和运用。

（3）加深对参考方向概念的理解。

（4）加深对参考点、电位、电压及其相互关系的理解。

### 二、实验原理

1. 基尔霍夫定律

电路中各支路的电压和电流都受到两类约束：一类是元件的伏安特性造成的约束；另一类是元件的相互连接方式带来的约束，基尔霍夫定律概括了这类约束的关系。该定律是分析电路的基本定律，它适用于线性电路，也适用于非线性电路。

（1）基尔霍夫电流定律（KCL）。基尔霍夫电流定律的内容为：

任何时刻，对电路中的任一节点来说，它所连接的所有支路电流的代数和恒等于零，即 $\sum i = 0$。

用 KCL 列方程时，可以规定流入节点的电流取正号，流出节点的电流取负号，或者相反。

（2）基尔霍夫电压定律（KVL）。基尔霍夫电压定律的内容为：

任何时刻，电路中的任一回路上的所有元件电压的代数和恒等于零，即 $\sum u = 0$。

应用 KVL 列方程时，需要指定一个回路的绕行方向，凡支路电压的参考方向与回路的绕行方向一致者，该电压前面取"＋"号；支路电压的参考方向与回路的绕行方向相反者，电压前面取"－"号。

2. 叠加定理

叠加定理是反映线性电路基本性质的重要定理，它的内容是：

在多电源共同作用的线性电路中，任一支路的电压或电流，可以看成是各独立电源分别单独作用时在该支路上所产生的电压或电流的代数和。

所谓某一独立电源单独作用，就是除了该电源外，其余独立电源均置零（理想电压源用短路线代替，理想电流源用开路代替）。对于实际电源，电源内阻必须保留在原电路中。叠加定理不能用于功率的分析。

3. 电位的概念

电路中任一点的电位就是该点到参考点之间的电压。当参考点选定后，电路中各点的电位都有唯一确定的值。电路中任意两点间的电压就等于该两点之间的电位差。电位参考点的选择是任意的。参考点不同，各点电位的数值及正负将有变化，所以电位是一个相对物理量，是相对于一定的参考点而言的。但电路中任意两点间的电位差（即电压）是不变的，与参考点的选取无关。

### 三、实验设备与元器件

(1) 直流电压源　　　　　　1 台
(2) 直流电压表　　　　　　1 块
(3) 直流毫安表　　　　　　1 块
(4) 电工原理实验箱　　　　1 台
(5) 电流插头　　　　　　　1 个

### 四、注意事项

(1) 拆接线路前必须先关闭电源。

(2) 禁止将电压源输出端短路。

(3) 按图中标出的参考方向进行测量，测量时注意直流测量仪表的极性与量程。测量电压时，直流电压表的负极性端应接电压的参考负极性点。如测电压 $U_{AB}$ 时应将电压表的负极性端接 B 点，电压表的正极性端接 A 点。所测电压、电位、电流的值应标明正负。

### 五、预习要求

(1) 复习基尔霍夫定律和电位的概念。

(2) 复习叠加定理。

(3) 根据实验电路所给出的参数，计算出待测的电流和各电阻上的电压值，以便实验测量时，可正确地选定毫安表和电压表的量程，并将测量值与理论计算值进行比较。

### 六、实验内容及步骤

1. 验证基尔霍夫定律

(1) 验证定律对线性电路的适用性。按图 3-11 所示电路接线，其中 $U_{s1}=12\text{V}$，$U_{s2}=6\text{V}$。将实验电路上的开关 S1、S2 都合向电源侧，开关 S3 合向 $R_5$。

1) 验证 KCL。用直流毫安表（接电流插头）分别测量各支路电流 $I_1$、$I_2$、$I_3$ 的值，并记入表 3-8 中，验证 $\sum I=0$。

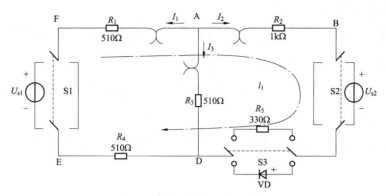

图 3-11  验证基尔霍夫定律和叠加定理的实验电路

**表 3-8**　　　　　　　　　　　对线性电路验证基尔霍夫电流定律

| 被测量 | $I_1$ | $I_2$ | $I_3$ | $\sum I$ |
|---|---|---|---|---|
| 测量值(mA) | | | | |

2) 验证 KVL。用直流电压表测量回路 $l_1$ 中的电压 $U_{AB}$、$U_{BC}$、$U_{CD}$、$U_{DE}$、$U_{EF}$、$U_{FA}$，记入表 3-9 中，验证 $\sum U = 0$。

**表 3-9**　　　　　　　　　　　对线性电路验证基尔霍夫电压定律

| 被测量 | $U_{AB}$ | $U_{BC}$ | $U_{CD}$ | $U_{DE}$ | $U_{EF}$ | $U_{FA}$ | $\sum U$ |
|---|---|---|---|---|---|---|---|
| 测量值(V) | | | | | | | |

(2) 验证定律对非线性电路的适用性。将图 3-11 中的开关 S3 合向非线性器件二极管 VD，电路即为非线性电路。重复以上步骤，将测量数据分别记入表 3-10 和表 3-11，验证 KCL、KVL 对非线性电路是否成立。

**表 3-10**　　　　　　　　　　对非线性电路验证基尔霍夫电流定律

| 被测量 | $I_1$ | $I_2$ | $I_3$ | $\sum I$ |
|---|---|---|---|---|
| 测量值(mA) | | | | |

**表 3-11**　　　　　　　　　　对非线性电路验证基尔霍夫电压定律

| 被测量 | $U_{AB}$ | $U_{BC}$ | $U_{CD}$ | $U_{DE}$ | $U_{EF}$ | $U_{FA}$ | $\sum U$ |
|---|---|---|---|---|---|---|---|
| 测量值(V) | | | | | | | |

2. 验证叠加定理及适用条件

(1) 验证定理对线性电路的适用性。按图 3-11 所示电路接线，将开关 S3 合向 $R_5$，对线性电路按如下步骤进行测量。

1）电压源 $U_{s1}$ 单独作用时（S1 合向电源侧，S2 合向短路侧），测量各支路电流 $I_1$、$I_2$、$I_3$ 和电压 $U_{AB}$、$U_{AD}$，记入表 3－12。

2）电压源 $U_{s2}$ 单独作用时（S1 合向短路侧，S2 合向电源侧），重复测量步骤 1）中的各次测量，记入表 3－12。

3）$U_{s1}$ 和 $U_{s2}$ 共同作用时（ S1 和 S2 都合向电源侧 ），重复测量步骤 1）中的各次测量，记入表 3－12。

表 3－12　　　　　　　　　　　　验证叠加定理对线性电路的适用性

| 测量项目<br>电源 | $I_1$(mA) | $I_2$(mA) | $I_3$(mA) | $U_{AB}$(V) | $U_{AD}$(V) |
|---|---|---|---|---|---|
| $U_{S1}$ 单独作用时 | | | | | |
| $U_{S2}$ 单独作用时 | | | | | |
| $U_{S1}$ 和 $U_{S2}$ 共同作用时 | | | | | |

（2）验证定理对非线性电路是否适用。将图 3－11 所示电路中的电阻 $R_5$ 用非线性器件二极管 VD 代替（开关 S3 合向二极管 VD），重复前面的测量内容与步骤，将数据记入表 3－13。根据测量数据，说明对非线性电路叠加定理是否适用。

表 3－13　　　　　　　　　　　　验证叠加定理对非线性电路是否适用

| 测量项目<br>电源 | $I_1$(mA) | $I_2$(mA) | $I_3$(mA) | $U_{AB}$(V) | $U_{AD}$(V) |
|---|---|---|---|---|---|
| $U_{S1}$ 单独作用时 | | | | | |
| $U_{S2}$ 单独作用时 | | | | | |
| $U_{S1}$ 和 $U_{S2}$ 共同作用时 | | | | | |

3. 电位与电压的测量

实验电路仍然如图 3－11 所示，开关 S1、S2 都合向电源侧，开关 S3 合向 $R_5$。

（1）以 D 点为参考点：用直流电压表测量 A、B、C、E、F 各点的电位以及 AB、AD、CD、DE、FA 之间的电压，记入表 3－14 中。

（2）以 A 点为参考点：用直流电压表测量 B、C、D、E、F 各点的电位以及 AB、CD、AD、DE、FA 之间的电压，记入表 3－14 中。

**表 3 - 14** 电位与电压的测量

| D 为参考点 | | A 为参考点 | |
|---|---|---|---|
| $U_A=$ | $U_{AB}=$ | $U_B=$ | $U_{AB}=$ |
| $U_B=$ | $U_{AD}=$ | $U_C=$ | $U_{AD}=$ |
| $U_C=$ | $U_{CD}=$ | $U_D=$ | $U_{CD}=$ |
| $U_E=$ | $U_{DE}=$ | $U_E=$ | $U_{DE}=$ |
| $U_F=$ | $U_{FA}=$ | $U_F=$ | $U_{FA}=$ |

**七、思考题**

(1) 图 3 - 11 所示电路中，节点 A 和 D 的 KCL 方程是否相同？为什么？

(2) 图 3 - 11 所示电路中，有几个回路，对所有回路列写的 KVL 方程是独立的吗？为什么？

(3) 在叠加定理的实验中，如果没有双向开关 S1、S2，两个电压源分别单独作用时应怎么操作？能否将不作用的电压源直接短接置零？

(4) 电压和电位有何区别和联系？

**八、实验报告要求**

(1) 根据实验数据验证基尔霍夫定律对线性电路和非线性电路是否都适用。

(2) 根据实验数据验证叠加定理对线性电路和非线性电路是否都适用。

(3) 根据实验数据，总结电位与电压的关系。

## 3.4 戴维南定理的验证

**一、实验目的**

(1) 验证戴维南定理的正确性，加深对该定理的理解。

(2) 掌握有源二端网络的开路电压和等效内阻的测量方法。

**二、实验原理**

1. 戴维南定理

任何一个线性有源二端网络，对外电路而言，都可以用一个电压源和电阻的串联支路来等效代替,如图 3 - 12 所示。此电压源的电压等于有源二端网络的开路电压 $U_{OC}$,所串联的电阻等于将有源二端网络中所有独立电源全部置零后的等效电阻 $R_0$。

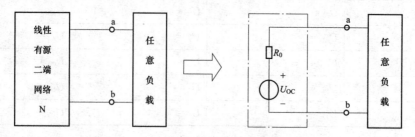

图 3 - 12　线性有源二端网络及其戴维南等效电路

2. 有源二端网络等效参数的测量方法

(1) 开路电压的测量。当电压表内阻远远大于二端网络的等效电阻时,可以将有源二端网络与负载断开,用电压表直接测量端口的开路电压 $U_{OC}$。

(2) 等效电阻的测量。有源二端网络等效电阻的测量方法有多种,在这里只介绍两种间接测量方法。

1) 开路电压—短路电流法。用电压表直接测量有源二端网络输出端的开路电压 $U_{OC}$,然后将其输出端短路,测量其短路电流 $I_{SC}$,则等效电阻为

$$R_0 = \frac{U_{OC}}{I_{SC}}$$

需要注意的是,如果二端网络的等效电阻很小,将其输出端短路会产生较大的短路电流,内部元件有可能遭到损坏,这种情况不宜用此方法。

2) 加压求流法。将有源二端网络除源,即将内部独立电源置零(电压源用短路线代替,电流源用开路代替),然后在二端网络的端口加电压

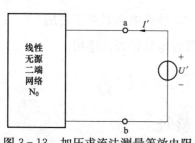

图 3 - 13　加压求流法测量等效电阻

$U'$,测出端口电流 $I'$,如图 3 - 13 所示,则等效电阻为

$$R_0 = \frac{U'}{I'}$$

注意,用加压求流法时,端口所加电压不宜太大。

**三、实验设备与元器件**

(1) 电工原理实验箱　　　　　　　1 台

（2）直流电压源　　　　　　　1台

（3）直流电流源　　　　　　　1台

（4）直流电压表　　　　　　　1块

（5）直流毫安表　　　　　　　1块

（6）元件箱　　　　　　　　　1台

（7）电流插头　　　　　　　　1个

**四、注意事项**

（1）用加压求流法时，一定要将二端网络内部电源正确置零。

（2）换接电路前先关掉电源。

**五、预习要求**

（1）复习戴维南定理，注意其适用条件。

（2）预习有源二端网络等效参数的测量方法。

（3）根据实验电路给出的参数，计算待测量的理论值，以便实验时选择仪表量程。

**六、实验内容和步骤**

1. 测量线性有源二端网络的外特性 $U=f(I)$

按图 3-14 所示电路接线，a、b 左侧为线性有源二端网络，用可变电阻箱作为可变负载电阻 $R_L$，将开关 S 合向负载电阻 $R_L$ 侧。改变 $R_L$ 为表 3-15 中的不同值，用直流电压表和直流毫安表分别测量有源二端网络的输出电压 $U$ 和电流 $I$，将数据记入表 3-15 中。

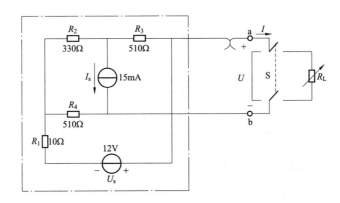

图 3-14　测量有源二端网络外特性的实验电路

**表 3 - 15**　　　　　　　　　　　　　**有源二端网络外特性**

| $R_L(\Omega)$ | 200 | 300 | 400 | 500 | 600 | 700 | 800 |
|---|---|---|---|---|---|---|---|
| $U(V)$ | | | | | | | |
| $I(mA)$ | | | | | | | |

2. 测量有源二端网络的开路电压和等效电阻

（1）测量开路电压 $U_{OC}$。将图 3-14 中的 $R_L$ 从电路中断开，开关 S 依然合向右侧，如图 3-15 所示。用直流电压表测量图中 a、b 两点的电压即为开路电压 $U_{OC}$。将数据记入表 3-16 中。

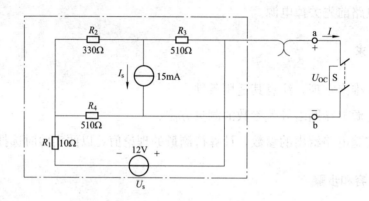

图 3-15　加压求流法测量等效电阻的电路

（2）测量等效电阻 $R_0$。

1）开路电压—短路电流法测量 $R_0$。将图 3-15 中的开关 S 合向左边短路侧，用直流毫安表测量有源二端网络流过端子的电流即为短路电流 $I_{SC}$。将测量数据记入表 3-16 中，计算等效电阻 $R_0 = \dfrac{U_{OC}}{I_{SC}}$。

**表 3 - 16**　　　　　　　　　　　**开路电压—短路电流法测量结果**

| 开路电压 $U_{OC}(V)$ | 短路电流 $I_{SC}(mA)$ | 等效电阻 $R_0(\Omega)$ |
|---|---|---|
| | | |

2）加压求流法测量 $R_0$。将有源二端网络内部电源全部置零，如图 3-16 所示。然后在端口 a、b 上施加电压源 $U'$，$U' = 6V$，方向如图 3-16 所示。然后测量端口电流 $I'$，计算等效电阻 $R_0 = -\dfrac{U'}{I'}$，并记入表 3-17 中。（测量时注意 $I'$ 的参考

方向）

**表 3 - 17** 　　　　　　　　　　　　　加压求流法测量结果

| 电压 $U'$(V) | 电流 $I'$(mA) | 等效电阻 $R_0$(Ω) |
|---|---|---|
| | | |

可以将以上两种方法测量得到的等效电阻的平均值作为等效电路中的 $R_0$。

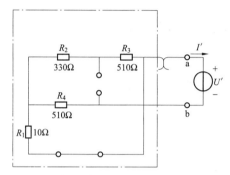

图 3 - 16　加压求流法测量等效电阻的电路　　图 3 - 17　戴维南等效电路外特性的电路

3. 测量戴维南等效电路的外特性

用电压源 $U_{OC}$ 与电阻 $R_0$ 的串联电路代替图 3 - 15 中的有源二端网络，构成图 3 - 17 所示的电路。仍按表 3 - 15 改变 $R_L$ 的值，用直流电压表和直流毫安表测量戴维南等效电路的输出电压 $U$ 和电流 $I$，将数据记入表 3 - 18 中。

将表 3 - 18 与表 3 - 15 进行比较，验证戴维南定理。

**表 3 - 18** 　　　　　　　　　　　　戴维南等效电路外特性

| $R_L$(Ω) | 200 | 300 | 400 | 500 | 600 | 700 | 800 |
|---|---|---|---|---|---|---|---|
| $U$(V) | | | | | | | |
| $I$(mA) | | | | | | | |

**七、思考题**

(1) 测量等效电阻除实验中所用的两种方法外，还有哪些方法？并说明原理。

(2) 表 3 - 18 与表 3 - 15 中的电压、电流值分别近似相等，说明了什么？

**八、实验报告要求**

(1) 简要分析误差原因。

（2）总结本次实验的心得体会。

## 3.5　一阶 *RC* 电路的暂态过程的测试

### 一、实验目的

（1）学习信号发生器和示波器的使用。

（2）观察一阶 *RC* 电路换路后所发生的过渡过程，测试电容电压随时间的变化规律。

（3）学习一阶电路时间常数的测量方法。

（4）了解 *RC* 电路的应用及时间常数对电路输出波形的影响。

### 二、实验原理

1. 一阶 *RC* 电路的零状态响应和零输入响应

（1）零状态响应。电路中的储能元件无初始储能，由外施激励在电路中引起的响应称为零状态响应。

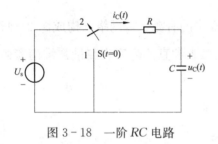

图 3-18　一阶 *RC* 电路

在图 3-18 所示的一阶 *RC* 电路中，开关 S 置于位置 1（电路处于稳态），$u_C(0_-)=0$。在 $t=0$ 时刻，将开关 S 由位置 1 扳向位置 2，直流电源 $U_s$ 将通过电阻 *R* 向电容充电。*RC* 电路的零状态响应实际上就是电容的充电过程。

由三要素公式分析法，可以解得电容电压及电流随时间的变化规律为

$$u_C(t)=U_s(1-e^{-\frac{t}{\tau}})$$

$$i_C(t)=\frac{U_s}{R}e^{-\frac{t}{\tau}}$$

式中 $\tau=RC$，称为电路的时间常数，它反映电路过渡过程的快慢。$\tau$ 越大，过渡过程越慢；$\tau$ 越小，过渡过程越快。

充电曲线如图 3-19（a）所示。

（2）零输入响应。换路后在没有外加激励的情况下，由储能元件的初始储能在电路中引起的响应称为零输入响应。

在图 3-18 所示电路中，若开关 S 先置于位置 2（电路处于稳态），$u_C(0_-)=U_s$。在 $t=0$ 时刻将开关 S 由位置 2 扳向位置 1，电容将通过电阻放电。*RC* 电路的零输入响应实

际就是电容的放电过程。

可以解得电容电压及电流随时间的变化规律为

$$u_C(t) = U_s e^{-\frac{t}{\tau}}$$

$$i_C(t) = -\frac{U_s}{R} e^{-\frac{t}{\tau}}$$

放电曲线如图 3-19（b）所示。

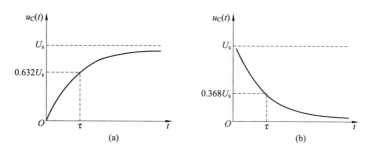

图 3-19　RC 电路电容的充放电曲线及时间常数

（a）充电曲线；（b）放电曲线

如果储能元件有初始储能，换路后也有外加电源激励，则电路中的响应称为全响应。

2. RC 电路对方波的响应

动态电路在换路以后，经过十分短暂的过程便达到稳态。由于这一过程是不重复的，所以不易用示波器来观察其动态过程（普通示波器只能显示重复出现的，即周期性的波形）。为了能利用示波器研究如上电路的充放电过程，可由方波激励来实现 RC 电路充放电过程的重复出现。只要选择方波激励的半周期 $T/2$ 远大于电路的时间常数 $\tau$，就可使电容每次充、放电的暂态过程基本结束，如图 3-20 所示。其中充电曲线对应图 3-18 所示电路的零状态响应，放电曲线对应该电路的零输入响应。

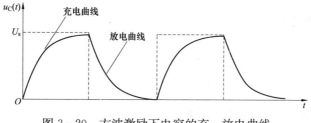

图 3-20　方波激励下电容的充、放电曲线

3. RC 电路的应用

（1）积分电路。图 3-21 (a) 所示电路，由幅度为 $U_s$ 周期为 $T$ 的方波序列脉冲激

励，电容两端作为响应输出端。当时间常数 $\tau = RC \gg T/2$ 时，该电路就构成积分电路，其输入、输出波形如图 3-21（b）所示。

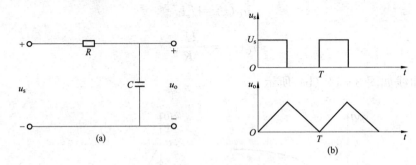

图 3-21　积分电路

(a) 电路构成；(b) 输入、输出波形

（2）微分电路。图 3-22（a）所示电路中，由幅度为 $U_s$ 周期为 $T$ 的方波序列脉冲激励，电阻两端作为响应输出端。当满足条件 $\tau = RC \ll T/2$ 时，就构成了微分电路，其输入、输出波形如图 3-22（b）所示。

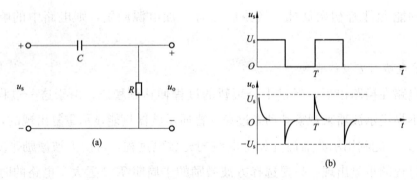

图 3-22　微分电路

(a) 电路构成；(b) 输入、输出波形

### 三、实验设备与元器件

（1）数字示波器　　　　　1台

（2）信号发生器　　　　　1台

（3）直流电压源　　　　　1台

（4）数字万用表　　　　　1块

（5）秒表　　　　　　　　1块

（6）元件箱　　　　　　　1台

### 四、注意事项

（1）使用信号发生器和示波器前，一定要认真阅读第 2 章的使用说明。

（2）信号发生器的接地端与示波器的接地端要连在一起（称共地），以防外界干扰。

（3）调节电子仪器各旋钮时，动作不要过猛。

### 五、预习要求

（1）预习示波器的使用方法。

（2）复习一阶电路的有关知识。

### 六、实验内容及步骤

1. 测试 RC 电路电容的充放电过程及时间常数

（1）充电过程。

1）按图 3-18 所示电路接线，其中 $R=10k\Omega$，$C=1000\mu F$，直流电压源的输出调至 $U_s=10V$。用数字万用表测试电容电压。当开关 S 由位置 1 合向位置 2 的同时，开始用秒表计时，到 $t=4s$ 时，迅速打开开关，并立即读取电容两端电压值。然后将电容短路放电，使 $u_C=0$，重复前面过程，读取不同时刻电容电压的值，并将数据记入表 3-19 中。

表 3-19　　　　　　　　　　　RC 电路的充放电过程测试数据

| 电路状态 | $t(s)$ / $u_C(V)$ | 0 | 4 | 6 | 8 | 10 | 12 | 14 | 16 | 20 | 25 | 30 | 50 |
|---|---|---|---|---|---|---|---|---|---|---|---|---|---|
| 充电 | 测量值 | | | | | | | | | | | | |
| | 理论值 | | | | | | | | | | | | |
| 放电 | 测量值 | | | | | | | | | | | | |
| | 理论值 | | | | | | | | | | | | |

2）充电过程中时间常数的测定：先使 $u_C=0$，将开关合向位置 2 的同时，按下秒表开始计时，并注意电容电压的变化。当 $u_C=0.632U_s=6.32V$ 时，立即停止计时，此时秒表显示的时间就是电路的时间常数，记入表 3-20 中。

（2）放电过程。

1）仍按图 3-18 接线，将开关合向位置 1，用数字万用表测量电容两端电压。先将

$U_s=10V$ 的直流电压直接加到电容两端，使 $U_C=10V$。断开电压源的同时，开始用秒表计时，到 $t=4s$ 时，迅速打开开关 S，并立即读取电容电压值。再令 $U_C=10V$，重复前面过程，读取不同时刻电容电压的值。将数据记入表 3-19 中。

2）放电过程中时间常数的测定：开关 S 合向位置 1，先将 $U_s=10V$ 的直流电压直接加到电容两端，使 $u_C=10V$。断开电源的同时，按下秒表开始计时，注意电容电压的变化。当 $u_C=0.368U_s=3.68V$ 时，立即停止计时，此时秒表显示的时间就是电路的时间常数，记入表 3-20 中。

表 3-20          $RC$ 电路时间常数 $\tau$ 的测定

| 充电过程的测量值 | 放电过程的测量值 | 计算平均值 | 理论值 | 相对误差 |
|---|---|---|---|---|
|  |  |  |  |  |

2. 用示波器观察 $RC$ 电路对方波的响应

选择 $R=10k\Omega$，$C=4700pF$。可以按图 3-21（a）所示电路接线。从信号发生器输出峰—峰值 $U_{P-P}=2V$、频率 $f=1kHz$ 的方波电压信号作为激励源 $u_s$。通过示波器探头将激励 $u_s$ 和响应 $u_C$ 分别连至示波器的两个通道 CH1 和 CH2，这时可在示波器的屏幕上观察到激励与响应的变化规律，描绘波形，并根据波形测定时间常数 $\tau$。

3. 观察积分电路和微分电路的波形

（1）观察积分电路的波形。选择 $R=100k\Omega$，$C=0.1\mu F$。组成图 3-21（a）所示的积分电路，$u_s$ 仍为 $U_{P-P}=2V$、$f=1kHz$ 的方波电压信号，用示波器观察并描绘激励与响应的波形。

增大或减小 $R$ 的值，观察对输出波形的影响。

（2）观察微分电路的波形。选择 $R=1k\Omega$，$C=0.1\mu F$。组成图 3-22（a）所示的微分电路，$u_s$ 仍然不变，用示波器观察并描绘激励与响应的波形。

增大 $R$，观察对响应的影响。当 $R$ 增至 $100k\Omega$ 时，输出波形有何本质上的变化？

**七、思考题**

对电容充电达到稳态时，电容电压的测量值是否等于直流电源电压 $U_s$？为什么？

**八、实验报告要求**

（1）根据测量数据，在一张坐标纸上描绘出 $RC$ 一阶电路充放电时 $u_C$ 的变化曲线。

（2）将时间常数 $\tau$ 的测量值与理论计算值做比较，分析误差原因。

（3）总结积分电路和微分电路形成的条件。

## 3.6 单相交流电路的测量

**一、实验目的**

（1）研究正弦交流电路中电压与电流相量之间的关系。

（2）了解荧光灯的组成和原理、掌握荧光灯电路的连接方法。

（3）理解提高电路功率因数的意义并掌握其方法。

（4）掌握功率表的使用方法。

**二、实验原理**

1. 正弦交流电路中的电压、电流关系

在正弦交流电路中，由于各电压、电流的相位不同，根据 KCL、KVL 列方程时，各电压、电流不是简单的有效值的代数和，而是相量的代数和。

2. 荧光灯电路

荧光灯电路由灯管、镇流器和辉光启动器构成。如图 3-23 所示。

（1）灯管。荧光灯管的内壁上均匀地涂有一层荧光粉，两端各有一灯丝和电极，管内充有少量的惰性气体（如氩、氖等）及少量的水银。当灯管两端灯丝预热后，在两极间加上一定电压，灯管就会发光。

（2）镇流器。镇流器是一个铁芯线圈，用来在荧光灯启动时产生足够的自感电动势使灯管点燃，灯管点燃后它又用来限制灯管电流。

（3）辉光启动器。辉光启动器是一个小型辉光放电泡，泡内充惰性气体氖。它装有两个电极：一个是固定电极，一个是由两种膨胀系数相差较大的双金属片一起制成的 U 形可动电极，如图 3-24 所示。

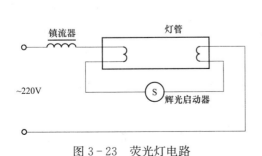

图 3-23 荧光灯电路

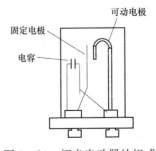

图 3-24 辉光启动器的组成

点燃过程：在接通电源的瞬间，由于辉光启动器是断开的，荧光灯电路中没有电流。电源电压（220V）全部加在辉光启动器的两极上，两极间发生辉光放电。电极加热，可动电极内层金属片膨胀系数较大，受热后趋于伸直，使触点闭合，电路接通。灯管的两个灯丝开始预热，水银蒸发变为汞蒸气，为灯管发射电子创造了条件。辉光启动器触点闭合的同时，泡内两极间电压下降为零，停止辉光放电。泡内冷却，双片收缩，触点断开。触点断开可能会产生火花，烧坏触点，因此通常并联一个小电容来避免。在触点断开瞬间，镇流器两端产生较高的自感电动势，它与电源一起加在灯管两端，使水银蒸气电离，管内发生弧光放电，放射出紫外线，紫外线射在荧光粉上就产生了可见光，即灯管点燃。点燃后灯管只需要较低的电压即可维持继续放电，镇流器此时起限流作用，辉光启动器不再起作用。

3. 功率因数提高的意义及方法

（1）提高功率因数的意义。在正弦交流电路中，电源发出的有功功率 $P = UI\cos\varphi$，式中的 $\cos\varphi$ 称为功率因数。功率因数的高低由各个负载本身的参数决定，如电阻性负载的功率因数为 1。而工矿企业中用的多是感性负载，一般功率因数都较低。当电源电压、负载功率一定时，功率因数低，一方面使发电设备的容量不能充分利用，另一方面还会使输电线路上的电流较大，引起线路损耗增加。因此，提高电网的功率因数，对于降低电能损耗、提高发电设备的利用率和供电质量具有重要的经济意义。

（2）提高功率因数的方法。要提高感性负载的功率因数，又不能改变负载的工作状态，通常采用的方法就是在感性负载两端并联适当大小的电容器，其电路及相量图如图 3 - 25 所示。

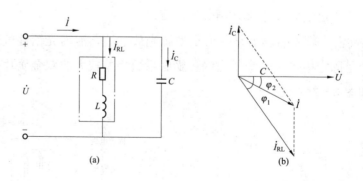

图 3 - 25　感性负载并联电容电路及相量图

（a）电路；（b）相量图

由相量图可以看出，感性负载并联电容后，电源电压与线路电流之间的相位差减小了，即功率因数变大了，并且线路电流也减小了，因而减小了线路损耗。这是因为给感性负载并联电容后，感性负载所需的无功功率大部分或全部都是就地供给（电容器供给），即能量的互换主要发生在感性负载与电容器之间，大大减少了电源与感性负载之间的能量互换，使电源能量得到充分利用。

**三、实验设备与元器件**

(1) 三相交流电源　　　　　　　　1 台
(2) 单、三相交流电路实验箱　　　1 台
(3) 交流电压表　　　　　　　　　1 块
(4) 交流电流表　　　　　　　　　1 块
(5) 功率表及功率因数表　　　　　1 块
(6) 30W 荧光灯管　　　　　　　　1 个
(7) 镇流器　　　　　　　　　　　1 个
(8) 辉光启动器　　　　　　　　　1 个
(9) 电流插头　　　　　　　　　　1 个

**四、注意事项**

(1) 本次交流实验要用 220V 的电压，务必注意用电安全。在接线和拆线前，一定要切断电源，以防触电。通电后，不得触及导电部件。

(2) 每次接线完毕、测量仪表也已接入电路后，一定要先检查电路，确认无误后，方可接通电源。特别是荧光灯电路，要注意镇流器和辉光启动器的正确接线，否则会烧坏灯管。

(3) 接通电源前，应使交流电源的输出电压应为零，待接通电源后再缓慢将交流电源的输出调到 220V。

(4) 实验中出现任何异常情况时，应立即断开电源，分析并查找原因，待问题解决后，方可通电继续实验。

**五、预习要求**

(1) 预习简单串联和并联交流电路中电压、电流的相量关系及相量图。
(2) 仔细阅读本次实验的注意事项。
(3) 预习荧光灯的组成与接线图。
(4) 预习第 2 章中功率表的使用方法。

### 六、实验内容及步骤

**1. RC 串联电路的电压关系**

用两只 40W 的白炽灯泡（串联）和 $1.47\mu F$ 的电容器组成 RC 串联实验电路，如图 3-26 所示。完成接线，并将交流电压表接入电路，经检查无误后，再接通交流电源。把交流电源的输出缓慢调至 220V（调好后，实验过程中交流电源输出不再改变），记录 U、$U_R$、$U_C$ 的值，填入表 3-21。

**2. RC 并联电路中的电流关系**

按图 3-27 接线，把交流电流表也接入电路，经检查无误后，接通 220V 的单相交流电源。记录 I、$I_R$、$I_C$ 的值，填入表 3-21。

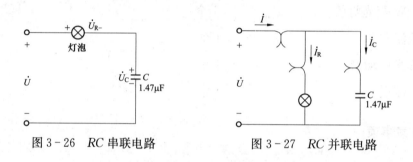

图 3-26    RC 串联电路          图 3-27    RC 并联电路

**表 3-21**                 **RC 串联与并联电路的实验数据**

| RC 串联电路 | | | RC 并联电路 | | |
|---|---|---|---|---|---|
| U(V) | $U_R$(V) | $U_C$(V) | I(A) | $I_R$(A) | $I_C$(A) |
| | | | | | |

**3. 荧光灯电路及功率因数的提高**

按图 3-28 所示电路接线，所有测量仪表接入电路，经检查无误后，进行以下实验步骤：

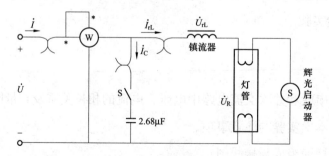

图 3-28    荧光灯电路及提高功率因数的实验电路

(1) 断开开关 S，然后接通 220V 交流电源，观察荧光灯启动过程。待灯管正常启动后，分别测量灯管电压 $U_R$、镇流器两端电压 $U_{rL}$、总电流 $I$、镇流器电流 $I_{rL}$ 和功率 $P$、功率因数 $\cos\varphi$，将数据记入表 3-22 中。若灯管不能正常启动，应先断开交流电源，再仔细检查问题所在。

(2) 将开关 S 闭合，给荧光灯电路并联 2.68μF 的电容器。再一次测量灯管电压 $U_R$、镇流器两端电压 $U_{rL}$、总电流 $I$、镇流器电流 $I_{rL}$、电容电流 $I_C$ 和功率 $P$、功率因数 $\cos\varphi$ 的值，将数据记入表 3-22 中。

表 3-22 　　　　　　　　荧光灯电路及功率因数的提高实验数据

| 被测量<br>开关情况 | $U$(V) | $U_R$(V) | $U_{rL}$(V) | $I$(A) | $I_{rL}$(A) | $I_C$(A) | $P$(W) | $\cos\varphi$ |
|---|---|---|---|---|---|---|---|---|
| S 断开 | 220 | | | | | 0 | | |
| S 闭合 | 220 | | | | | | | |

**七、思考题**

(1) 提高线路的功率因数为什么只采用并联电容器法，而不用串联法？所并联的电容器是否越大越好？

(2) 给荧光灯电路并联电容后，功率表的读数有无改变？为什么？

**八、实验报告要求**

(1) 画出 $RC$ 串联电路的相量图，并用实验数据验证电压三角形关系。

(2) 画出 $RC$ 并联电路的相量图，并用实验数据验证电流三角形关系。

(3) 结合本次实验讨论功率因数提高的意义和方法。

# 3.7 *RLC* 串联电路中的谐振

**一、实验目的**

(1) 加深对串联谐振条件及特点的理解。

(2) 学习用实验的方法测量 $RLC$ 串联电路的谐振曲线。

(3) 掌握电路品质因数的物理意义及其测量方法。

(4) 学习信号发生器、示波器及交流毫伏表的使用方法。

### 二、实验原理

**1. RLC 串联电路谐振的条件**

由实际电感线圈和电容串联组成的电路可等效为理想的 RLC 串联模型，如图 3-29 所示，其中 $R$、$L$ 分别为实际电感线圈的内阻和电感系数。该串联电路的等效阻抗为

$$Z = R + \mathrm{j}\left(\omega L - \frac{1}{\omega C}\right)$$

它是电源频率的函数。当阻抗的虚部为零时，端口电压与端口电流同相位，电路发生串联谐振。

谐振时的角频率为
$$\omega_0 = \frac{1}{\sqrt{LC}}$$

谐振频率为
$$f_0 = \frac{1}{2\pi\sqrt{LC}}$$

可见谐振频率由电路的 $L$、$C$ 参数决定，与串联电阻 $R$ 无关。要使电路发生谐振，可以通过改变电源频率或改变元件参数使电路满足谐振的条件。本实验是通过改变电源频率使电路发生谐振的。

**2. RLC 串联电路谐振时的特点**

（1）谐振时电路的阻抗最小，当端口电压 $U$ 一定时，电路中的电流达到最大值，如图 3-30 所示，且该值的大小仅与电阻的阻值有关，与电感、电容的值无关。实验时，可在电路中串联一个阻值已知的小电阻，通过测量已知电阻上的电压便可监测电流，当电阻上电压最大时，电流也达到最大值，说明此时电路处于谐振状态。

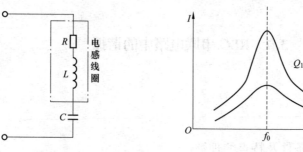

图 3-29 理想的 RLC 串联　　　　图 3-30 串联谐振幅频特性曲线

（2）谐振时电感与电容的电压有效值相等，相位相反。且有
$$U_L = U_C = QU$$

其中 $Q$ 为串联电路的品质因数。

$$Q = \frac{\omega_0 L}{R} = \frac{1}{\omega_0 CR}$$

在谐振点测出电容两端的电压及 RLC 串联电路的端电压，就可以得到该电路的品质因数。

3. RLC 串联电路的谐振曲线

RLC 串联电路的电流是电源频率的函数，即

$$I = \frac{U}{|Z|} = \frac{U}{\sqrt{R^2 + \left(\omega L - \frac{1}{\omega C}\right)^2}}$$

称为电流的幅频特性。幅频特性曲线也称为谐振曲线，如图 3-30 所示。

谐振曲线呈尖陡形状，表明电路具有选频特性。$Q$ 值越大，曲线越尖锐，表明电路对非谐振频率的电流抑制能力越强，电路的选择性就越好。

### 三、实验设备与元器件

(1) 信号发生器　　　　1 台
(2) 数字示波器　　　　1 台
(3) 交流毫伏表　　　　1 块
(4) 元件箱　　　　　　1 台

### 四、注意事项

(1) 频率测试点应在谐振点附近取密些，以保证曲线的准确性。改变频率后，还要保证 RLC 串联电路的电压维持 1V 不变（用示波器监视其幅值）。

(2) 在测量谐振的电容电压时，应将毫伏表的量程增大。

(3) 使用示波器时，应注意示波器与信号发生器的共地连接。

### 五、预习要求

(1) 复习串联谐振的条件和特点。

(2) 预习示波器、信号发生器及毫伏表的使用方法。

(3) 由实验电路参数估算谐振频率。

(4) 自拟必要的电路和数据表格。

### 六、实验内容及步骤

1. 测定电路的谐振频率 $f_0$ 及品质因数 $Q$

(1) 按图 3-31 所示电路接线。点画线框内为电感线圈，$L=15\text{mH}$，$R$ 为电感线圈

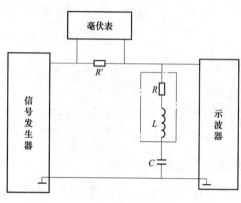

图 3-31　$RLC$ 串联谐振实验电路

的内阻。电容 $C=1\mu\text{F}$。用示波器监视 RLC 串联电路的端电压 $U$，使 $U=1\text{V}$，并保持不变。$R'=20\Omega$，用交流毫伏表测量已知电阻 $R'$ 两端的电压，以此监视 RLC 串联电路的电流。

(2) 改变信号发生器的信号频率（从 500～3000Hz）（注意保持 RLC 串联电压 $U=1\text{V}$ 不变）。毫伏表的读数最大时，信号发生器的频率即为电路的谐振频率 $f_0$。然后用毫伏表测量此时的电容电压 $U_C$（注意及时更换毫伏表的量程）。将数据记入表 3-23 中，并计算品质因数 $Q$ 值。

表 3-23　　　　　　　　确定谐振频率 $f_0$ 及 $Q$ 值

| 谐振频率 $f_0$(Hz) | $U$(V) | 谐振时的 $U_C$(V) | $Q$ 值 |
|---|---|---|---|
| | 1 | | |

2. 测定 $RLC$ 串联电路的谐振曲线

(1) 实验电路如图 3-31 所示。改变信号发生器的频率，记录不同频率下毫伏表的读数。注意测试频率点应以谐振点为中心，在谐振频率附近选取测试点取密一些，以保证曲线的准确性。同时注意保持 $RLC$ 串联电压 $U=1\text{V}$ 不变。将数据记入表 3-24 中。

表 3-24　　　　　　　　谐振曲线的测量数据

| 电源频率 $f$(Hz) | | | | | $f_0$(Hz) | | | | | |
|---|---|---|---|---|---|---|---|---|---|---|
| $U_{R'}$(V) | | | | | | | | | | |
| 计算 $I$(A) | | | | | | | | | | |

(2) 保持图 3-31 所示电路中的电感线圈、电容和电阻 $R'$ 不变，在此基础上增加 $RLC$ 串联电路的电阻值，即再串联一个 $r=50\Omega$ 的电阻，重复前面步骤（注意示波器应监视 $r$、线圈与电容的串联电压）。测量品质因数 $Q$ 值，并研究电路参数的变化对谐振曲线有何影响。线路和数据表格自行拟出。

### 七、思考题

（1）有无其他方法判别电路是否处于谐振状态？

（2）在实验过程中，为什么要强调必须保持串联电路的端电压恒定不变？

（3）能否通过测量谐振时电感线圈电压计算 $Q$ 值？谐振时，电容电压和电感线圈电压相等吗？为什么？

### 八、实验报告要求

（1）根据测量数据，在坐标纸上绘出不同 $Q$ 值的谐振曲线，并说明 $Q$ 值对谐振曲线的影响。

（2）根据测量数据计算品质因数 $Q$ 值。

（3）计算谐振时电路中的电流 $I_0$。

## 3.8　三相交流电路的测量

### 一、实验目的

（1）掌握负载的星形接法与三角形接法。

（2）掌握三相负载星形与三角形联结时，线电压与相电压、线电流与相电流之间的关系。

（3）充分理解三相四线制供电系统中性线的作用。

### 二、实验原理

在工程上，三相负载端用 U 相、V 相、W 相来表示，与三相电源一一对应连接。在三相电路中，负载有星形联结和三角形联结两种形式。

1. 三相负载的星形联结

图 3-32 所示电路为三相负载星形联结的三相四线制电路。略去线路压降不计，负载的相电压与电源线电压的关系为

$$U_l = \sqrt{3} U_p$$

在相位上，线电压超前相应的相电

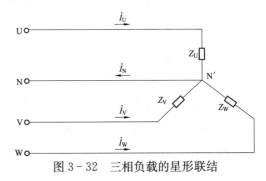

图 3-32　三相负载的星形联结

压 30°。

线电流与相应负载的相电流相等，即 $I_l = I_p$。

若三相负载对称，即 $Z_U = Z_V = Z_W = Z$，则三个相电流也对称。根据 KCL，通过中性线的电流为

$$\dot{I}_N = \dot{I}_U + \dot{I}_V + \dot{I}_W = 0$$

中性线电流等于零，即中性线内没有电流通过。因此，当负载对称时可省去中性线，成为三相三线制的星形联结，而且各相负载所承受的电压仍是对称的。

若三相负载不对称，则中性线电流不等于零，此时中性线不能省去。如果中性线一旦断开，由于各相负载不对称，三相负载上的相电压也不对称，因而有的负载所承受的电压将高于其额定电压，有的负载所承受的电压将低于其额定电压，负载不能正常工作，严重时甚至会烧毁电器或供电设备。因此中性线的作用在于：使星形联结的不对称负载上的电压保持对称，从而使三相负载独立工作，互不影响。

2. 三相负载的三角形联结

当三相负载作三角形联结时，如图 3-33 所示，电源线电压等于负载相电压，即

$$U_l = U_p$$

不论负载对称与否，其相电压总是对称的。

若负载对称，即 $Z_{UV} = Z_{VW} = Z_{WU} = Z$，则负载的相电流也对称，线电流也是对称的，并且有

$$I_l = \sqrt{3}\ I_p$$

相位上线电流分别滞后相应的相电流 30°。

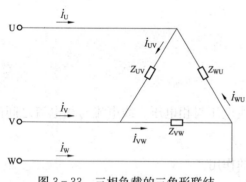

图 3-33　三相负载的三角形联结

不对称三相负载三角形联结时，虽然线电流不等于相电流的 $\sqrt{3}$ 倍，但只要三相电源的线电压对称，加在三相负载上的电压仍是对称的，对各相负载的工作没有影响。

### 三、实验设备与元器件

(1) 三相交流电源　　　　　　　　1台
(2) 单、三相交流电路实验箱　　　　1台
(3) 交流电压表　　　　　　　　　1块

（4）交流电流表　　　　　　　　1块

（5）电流插头　　　　　　　　　　1个

### 四、注意事项

（1）本次实验三相电源线电压为 220V，务必注意安全。在接线和拆线前，一定要切断电源，以防触电。通电后，不得触及导电部位。

（2）每次接线完毕，一定要检查无误后，方可接通电源。

（3）每次实验完毕，均应将三相电源的调压旋钮调到零位。

### 五、预习要求

（1）复习三相交流电路的理论知识。

（2）仔细阅读本次实验的注意事项。

### 六、实验内容及步骤

1. 三相负载的星形联结

按图 3-34 所示电路，将三相灯组负载接成星形，并接好测量仪表。经检查无误后，方可合上交流电源开关，将三相电源的线电压从 0 开始缓慢调至 220V。按表 3-25 中的要求，在不同情况下，分别测量三相负载的线电压、相电压、线电流（相电流）、中性线电流、电源中性点与负载中性点间的电压。注意观察不同情况下灯泡的亮度有无变化，特别要注意观察中性线的作用，并将所测数据记入表 3-25 中。

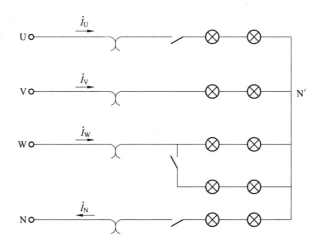

图 3-34　三相负载星形联结的实验电路

**表 3 - 25**　　　　　　　　　　　　　　三相负载星形联结时的测量数据

| 负载情况 \ 被测量 | | 线电流（A） | | | 中性线电流（A） | 线电压（V） | | | 相电压（V） | | | 中性点电压（V） |
|---|---|---|---|---|---|---|---|---|---|---|---|---|
| | | $I_U$ | $I_V$ | $I_W$ | $I_N$ | $U_{UV}$ | $U_{VW}$ | $U_{WU}$ | $U'_{UN}$ | $U'_{VN}$ | $U'_{WN}$ | $U'_{NN}$ |
| 对称负载 | 有中性线 | | | | | | | | | | | |
| | 无中性线 | | | | | | | | | | | |
| 不对称负载（W相灯并联） | 有中性线 | | | | | | | | | | | |
| | 无中性线 | | | | | | | | | | | |

**注**　在实际的三相四线制电路中，规定中性线不准安装熔断器和开关，有时中性线还采用钢芯导线以增强其机械强度。图 3 - 34 所示电路断开中性线仅用于实验。

2. 三相负载的三角形联结

按图 3 - 35 所示电路，三相灯组负载接成三角形，并接好测量仪表，经检查无误后，合上交流电源开关。三相电源的线电压仍为 220V。按表 3 - 26 中的要求，在不同情况下，分别测量三相负载的线电压（相电压）、线电流、相电流。将所测数据记入表 3 - 26 中，并注意观察灯泡亮度有无变化。

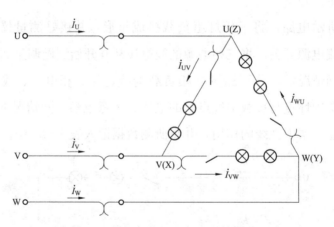

图 3 - 35　三相负载的三角形联结实验电路

**表 3 - 26**　　　　　　　　　　　　　　三相负载三角形联结时的实验数据

| 负载情况 \ 被测量 | 线电压（相电压）（V） | | | 相电流（A） | | | 线电流（A） | | |
|---|---|---|---|---|---|---|---|---|---|
| | $U_{UV}$ | $U_{VW}$ | $U_{WU}$ | $I_{UV}$ | $I_{VW}$ | $I_{WU}$ | $I_U$ | $I_V$ | $I_W$ |
| 对称负载 | | | | | | | | | |
| 不对称负载（U相灯全灭） | | | | | | | | | |

**七、思考题**

（1）三相负载根据什么条件作星形或三角形联结？

（2）对称负载星形联结，有中性线时，若将 W 相灯并联，另外两相灯泡亮度有无变化？没有中性线时，三相灯泡亮度是否一样？若这时将 W 相灯并联，另外两相灯泡亮度有何变化？注意在实验中观察并记录这一重要现象，加深理解中性线的作用。

**八、实验报告要求**

（1）根据实验测得的数据验证对称三相电路中性线电压与相电压、线电流与相电流的关系。

（2）根据实验观察到的现象，总结三相四线制供电系统中中性线的作用。

# 3.9　三相异步电动机的点动及单向连续运转控制

**一、实验目的**

（1）根据电动机的铭牌数据和电源线电压，能确定电动机定子绕组的连接方式并能正确接线。

（2）熟悉按钮、交流接触器和热继电器等常用低压控制电器的接线和使用方法。

（3）掌握电动机控制电路的绘制方法，加深对三相异步电动机点动控制和单向连续运转控制线路工作原理及各环节作用的理解和掌握。

（4）通过实验理解自锁作用以及交流接触器的失电压保护作用。

**二、实验原理**

由按钮、继电器、交流接触器等控制电器实现对电动机的自动控制，称为继电—接触器控制。继电—接触器控制电路通常分为主电路和辅助电路两部分，主电路包括三相刀开关、熔断器、交流接触器的动合主触点、热继电器的热元件和电动机的三相定子绕组；辅助电路包括按钮、交流接触器的线圈及其辅助触点等。

1. 三相异步电动机的点动控制

有些生产机械在调整试车运行时要求电动机能瞬时动作一下，称为点动控制。

图 3 - 36 所示的控制电路中，当动合按钮 SB1 的两端不并联接触器的动合辅助触点时，就可以实现点动控制。

合上三相刀开关 S 后，按下动合按钮 SB1，控制电路中接触器线圈 KM 通电，主电路中接触器的动合主触点 KM 闭合，电动机 M 通电运转。放开按钮 SB1，接触器线圈 KM 断电，主触点 KM 断开，电动机 M 断电停转。点动控制时不需按动断按钮 SB2。

2. 三相异步电动机的单向连续运转控制

图 3-36 所示的控制电路中，在动合按钮 SB1 的两端并联接触器的一个动合辅助触点，便可实现电动机的单向连续运转控制。当接触器线圈通电后，动合主触点闭合的同时，动合辅助触点也闭合，这时放开按钮 SB1，接触器线圈仍能通过闭合的辅助触点继续保持通电，电动机可以连续运转。由于动合辅助触点的这个作用，故称其为自锁触点。欲使电动机停止运行，必须按下动断按钮 SB2，使接触器的线圈 KM 断电，动合主触点断开，电动机停止运行，同时动合辅助触点也断开，失去自锁作用。

SB1 称为起动按钮，SB2 称为停止按钮。

3. 既能点动又能连续运转的控制

图 3-37 所示电路既能对电动机点动控制，又能连续运转控制。SB1 为连续运转起动按钮，SB3 为点动控制按钮，SB2 为停止按钮。其中 SB3 为复合按钮，即一个按钮上的动合触点与动断触点都利用上。

不使用复合按钮 SB3 时，图 3-37 的功能与图 3-36 一样。在使用复合按钮 SB3 时，由于按钮本身的动作特点，按下按钮 SB3 时，SB3 上的动断触点先断开，使与之串联的自锁触点失去自锁功能，然后 SB3 上的动合触点闭合，使接触器的线圈 KM 通电，电动机 M 得电运转；放开按钮 SB3 时，SB3 上的动合触点先断开，使接触器线圈断电，电动机 M 断电停转。

### 三、实验设备与元器件

(1) 三相交流电源　　　　　　　　1台
(2) 三相异步电动机（$U_N = 220V$）　1台
(3) 继电—接触控制实验箱　　　　1台

### 四、注意事项

(1) 本次实验采用三相交流电，远大于安全电压，一定要注意人身安全，严禁带电拆接实验线路。

(2) 本次实验电源线电压为 220V。

(3) 接通电源前，应先仔细检查电路，确保无误后方可启动电路。

(4) 电动机运行时切勿触碰转动部分，以免受伤。

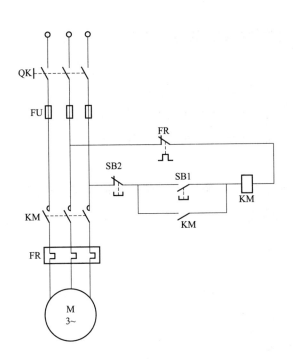

图 3-36 三相异步电动机的点动控制

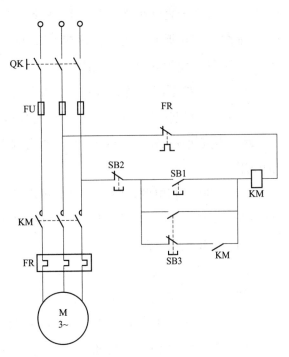

图 3-37 既能点动又能连续运转的控制电路

## 五、预习要求

（1）复习三相异步电动机的工作原理以及复合按钮、交流接触器和热继电器等几种控制电器的结构、符号及作用，熟悉它们的连接方法。

（2）复习点动控制与单向连续运转控制的原理及自锁的概念。

## 六、实验内容及步骤

首先找到所用电气设备的位置，将电动机的三相定子绕组接成星形，将三相交流电源的线电压调至 220V。

1. 三相异步电动机的点动控制

按图 3-35 接线，注意不接交流接触器的自锁触点，即动合按钮 SB1 的两端不并联接触器的动合辅助触点。检查无误后，合上三相刀开关 QK，接通 $U_l = 220V$ 的三相电源。

（1）按下动合按钮 SB1，电动机 M 定子绕组得电，M 转子转动。

（2）放开动合按钮 SB1，电动机 M 定子绕组断电，M 转子停转。

（3）断开三相电源。

2. 三相异步电动机的单向连续运转控制

如图 3-36 所示，在动合按钮 SB1 的两端并联接触器的动合辅助触点。检查无误后，接通 $U_N=220V$ 的三相电源。

（1）分别按下起动按钮 SB1 和停止按钮 SB2，进行直接起动及停转实验。

（2）电动机起动后，断开三相刀开关 QK，使电动机因断电而停转。然后重新合上刀开关 QK，不按起动按钮，观察电动机是否会因来电而自行起动？理解交流接触器的失电压保护作用。

（3）切断三相电源，将连接电动机定子绕组的三根电源线中的任意两根对调，再闭合刀开关 QK，按下起动按钮，观察电动机转向的改变。

（4）断开三相电源。

3. 既能点动、又能连续运转的控制

按图 3-37 接线，检查无误后，接通 $U_N=220V$ 的三相电源。

（1）按下和放开按钮 SB3，观察电动机的点动控制。

（2）按下按钮 SB1 后再松开，观察电动机是否可以连续运转。按下停止按钮 SB2 后，电动机是否停转。

（3）断开三相电源。

**七、思考题**

（1）点动控制和连续运转控制在电路上的主要区别是什么？

（2）继电—接触器控制电路都有哪些保护作用，起这些保护作用的是哪些电气设备？

（3）说明三相刀开关 QK 的作用。

**八、实验报告要求**

（1）画出实验电路图，简述其工作原理。

（2）简述本次实验的体会及收获。

## 3.10 基于 PLC 的三相异步电动机的正反转控制

**一、实验目的**

（1）掌握三相异步电动机正反转控制的工作原理。

（2）理解自锁与互锁的概念及作用。

（3）学习可编程控制器（PLC）的使用方法。

（4）熟悉 PLC 的基本指令和编程。

（5）学习 PLC 简单应用程序的设计方法。

**二、实验原理**

1. PLC 简单应用程序的设计步骤

PLC 是以程序形式来实现其控制功能的。PLC 简单应用程序的设计可按以下两个步骤进行。

（1）确定 PLC 的输入、输出信号，进行 I/O 点的分配，画出 PLC 的外部接线图。

根据被控对象的运行方式、动作顺序确定各种控制信号，并确定哪些信号需要输入 PLC，哪些信号要由 PLC 输出或者哪些负载要由 PLC 来驱动，从而设定所需 PLC 的输入、输出点数，画出 PLC 的外部接线图。

（2）程序设计。

1）画出梯形图。根据被控对象的运行方式、动作顺序，按照从上到下、从左到右的顺序画出梯形图。

梯形图的设计规则为：

① 梯形图中每一行都从左母线开始，终于右母线。

② 线圈只能接在右母线上，并且任何触点不能放在线圈右边。

③ 触点应画在水平线上。

④ 各编程元件的触点在编程时使用的次数是无限的。

2）将梯形图转换为可执行程序。将梯形图转换为程序语句的过程中，主要应注意以下两个方面：

① 应按从左到右、自上而下的原则进行。

② 语句的步号从存储器的起始地址开始，中间不要留有空地址。

2. 用 PLC 控制三相异步电动机正反转的应用程序设计

（1）确定 PLC 的输入、输出信号，画出 PLC 的外部接线图。三相异步电动机正反转的继电—接触控制电路如图 3-38 所示。PLC 输入端的控制信号应该有正转起动、反转起动和停车信号，输出端的信号应该有正转和反转交流接触器线圈通电的驱动信号，I/O 点的分配见表 3-27，PLC 的外部接线图如图 3-39 所示。

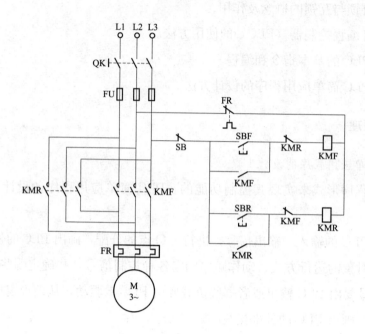

图 3-38　三相异步电动机正反转的继电—接触控制电路

**表 3-27**　　　　　　　　　　　　正反转控制的 PLC I/O 点的分配

| 输　　入 | | 输　　出 | |
|---|---|---|---|
| 正转起动按钮 SBF | 0001 | KMF | 0500 |
| 反转起动按钮 SBR | 0002 | KMR | 0501 |
| 停止按钮 SB | 0003 | | |

（2）程序设计。

1）设计梯形图。根据三相异步电动机的动作顺序和 PLC 的 I/O 点的分配，可编写出梯形图控制程序如图 3-40 所示。

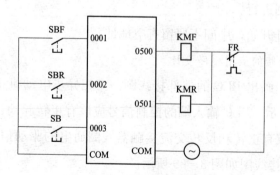

图 3-39　PLC 的外部接线图

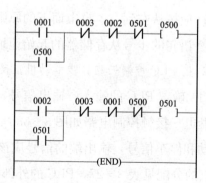

图 3-40　梯形图控制程序

2）将梯形图转换为指令，见表 3 - 28。

表 3 - 28 指令表

| 序号 | 指令 | | 序号 | 指令 | |
|---|---|---|---|---|---|
| 0 | LD | 0001 | 7 | OR | 0501 |
| 1 | OR | 0500 | 8 | AND NOT | 0003 |
| 2 | AND NOT | 0003 | 9 | AND NOT | 0001 |
| 3 | AND NOT | 0002 | 10 | AND NOT | 0500 |
| 4 | AND NOT | 0501 | 11 | OUT | 0501 |
| 5 | OUT | 0500 | 12 | END（01） | |
| 6 | LD | 0002 | | | |

### 三、实验设备与元器件

（1）PLC 实验装置          1 台

（2）三相异步电动机      1 台

（3）交流接触器           2 个

（4）按钮                 3 个

（5）热继电器            1 个

### 四、注意事项

注意 PLC 控制与继电—接触器控制的不同。

### 五、预习要求

（1）预习 PLC 的基本结构和工作原理。

（2）预习 PLC 简单应用程序的设计方法。

（3）预习编程器的使用。

### 六、实验内容及步骤

利用编程器在 PLC 上输入控制三相异步电动机正反装的程序，并操作 PLC 验证控制过程是否符合要求。

（1）按下正转起动按钮 SBF，电动机正向运转。

（2）按下反向起动按钮 SBR，电动机反向运转。

（3）按下停止按钮 SB，电动机停止运行。

### 七、思考题

不用接触器，PLC 能直接控制三相异步电动机吗？

### 八、实验报告要求

(1) 简述本次实验的体会及收获。

(2) 完成用 PLC 控制三相异步电动机丫-△起动的应用程序设计。

# 4

# 模拟电子技术实验

## 4.1 常用电子元器件的测量

**一、实验目的**

(1) 掌握用万用表测量电阻的方法。

(2) 掌握用万用表测试二极管和晶体管的方法。

(3) 学习测试稳压管的伏安特性。

**二、实验原理**

电子电路通常有电阻、电容、电感、二极管、稳压二极管、晶体管和集成电路等电子元器件组成。正确识别和测量这些元器件是电子技术工作者必备的基本技能。

1. 用万用表测量电阻

用万用表测电阻时，先将万用表置于电阻挡，根据不同的阻值选择不同的量程挡级（如 R×1、R×100、R×1k 和 R×10k 等），再将两个表笔短路调零，最后将万用表并接在被测电阻的两端，读出电阻值即可。

用数字万用表测量电阻时，先将开关置于所需的电阻挡量程，黑表笔插入COM 插孔，红表笔插入 V/Ω 插孔，再将被测电阻接于两表笔之间，显示器显示出被测电阻的阻值。若被测电阻超过所选量程，则会指示出超量程"1"，需换用高挡量程。

2. 用万用表测试二极管

(1) 二极管极性的判别。如图 4-1 所示，将万用表置于 R×1k 挡，先用红、黑表笔任意测量二极管两管脚间的电阻值，然后交换表笔再测量一次。如果二极管是好的，两次测量结果必定出现一大一小。以阻值较小的一次测量为准，黑表笔所接的一管脚为阳极，红表笔所接的一端则为阴极。

用数字万用表判别二极管的阳极和阴极时，将量程开关置于"➤⊢"挡位，红表笔插在"V·Ω"插孔，黑表笔插在"COM"插孔。若显示值在 1V 以下，说明管子处于正向导通状态，红表笔接的是阳极，黑表笔接的是阴极；

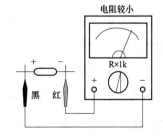

图 4-1 用万用表辨别
二极管的阳极和阴极

若显示溢出符号"1"，表明管子处于反向截止状态，黑表笔接的是阳极，红表笔接的是阴极。

（2）二极管质量好坏的判别。用万用表检测二极管的方法如图 4-2 所示，将万用表置于 R×100 或 R×1k 挡，测量二极管的正反向电阻值。若二极管质量良好，则正向阻值较小，一般为几百到几十千欧；反向电阻较大，一般为几百千欧。如果双向阻值都较小，说明二极管质量差，不能使用；如果双向阻值都为无穷大，则说明该二极管内部已经断路；如果双向阻值都为零，说明二极管已被击穿。内部断路或击穿的二极管都不能使用。

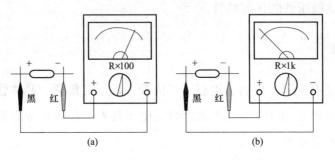

图 4-2　用万用表检测二极管的方法

（a）测正向电阻；（b）测反向电阻

利用数字万用表也可检测二极管质量的好坏。将量程开关置于"⊣▷⊢"挡位，当红表笔接二极管的阳极、黑表笔接二极管的阴极时，若二极管是好的，表上显示值是二极管的直流压降：锗管为 0.2～0.3V，硅管为 0.6～0.7V；若被测二极管是坏的，将显示"000"。若红表笔接二极管的阴极，黑表笔接二极管的阳极，若二极管是好的，则显示值为"1"；若损坏，则将显示"000"或其他值。

3. 用万用表测试晶体管

（1）晶体管类型与基极的判别。用万用表检测晶体管，将万用表置于 R×100 或 R×1k 挡，任选一个电极与黑表笔连接，红表笔分别连接另两个电极。若两次测出的阻值都很小或都很大时，则黑表笔连接的是基极，阻值都很小时晶体管为 NPN 型，阻值都很大时晶体管为 PNP 型；若两次测得的阻值一大一小，相差很多，则前者假定的基极有错，应更换其他管脚重测。

用数字万用表检测晶体管时，将量程开关置于"hFE"挡位，任选一个管脚与红表笔连接，黑表笔分别连接另两个管脚。若表上显示值都是直流压降（锗管为 0.2～0.3V，硅管为 0.6～0.7V），则红表笔连接的是基极，且被测晶体管为 NPN 型；若表上显示值都为"1"，则红表笔连接的是基极，且被测晶体管为 PNP 型；否则前者假定的基极有错，应更换其他管脚重测。

（2）发射极与集电极的判别。当晶体管的基极和类型确定后，可用万用表判别发射极与集电极，如图 4-3 所示。假定另外两个管脚中的一个为集电极，在假定的集电极和已知的基极间接一个 100kΩ 的电阻。若被测的管子是 NPN 型，则黑表笔接假定的集电极，红表笔接假定的发射极，观察万用表指示的电阻值；然后两表笔互换，进行第二次测量。两次测量中，电阻值较小的那一次，与黑表笔相接的管脚是集电极。若被测的管子为 PNP 型，则电阻值较小的那一次，与红表笔相接的管脚是集电极。

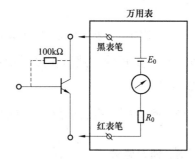

图 4-3　晶体管发射极与集电极的判别

用数字万用表也可判别发射极与集电极。数字万用表一般都有测晶体管放大倍数的挡位（$h_{FE}$）。使用时，先确定基极和晶体管类型，将基极插入 b 孔，另两只管脚分别插入 c 孔和 e 孔，读取 $h_{FE}$，然后基极插入 b 孔不动，另两只管脚互换位置，读取 $h_{FE}$ 值。两次测量中，读取 $h_{FE}$ 数值较大的那一次，管脚与插孔是一一对应的，依此可以判别发射极和集电极。

4. 稳压二极管的伏安特性

稳压二极管是一种特殊的硅二极管，其正向特性与普通二极管类似，但反向特性比普通二极管更陡。在稳压管的反向击穿区，电流在较大的范围内变化时，相应的电压却变化很小，表现出很好的稳压特性。此时，稳压管两端的电压值就是稳压二极管的稳压值 $U_Z$。稳压管正常工作在反向击穿状态。由于制造时的工艺措施和使用时限制反向电流的大小，能保证稳压二极管在反向击穿状态下不会过热而损坏。

**三、实验设备与元器件**

（1）数字万用表　　　　　　　1 块

（2）电阻、二极管、晶体管　　若干

（3）稳压二极管　　　　　　　1 个

（4）直流电压源　　　　　　　1 台

（5）直流电压表　　　　　　　1 块

（6）直流毫安表　　　　　　　1 块

（7）直流微安表　　　　　　　1 块

**四、注意事项**

(1) 使用电压表、电流表测量时，为了防止其过载而损坏，测量前一般先将量程开关置于较大量程处，然后在测量中逐渐减小量程；读完数据后，再把量程开关置于较大量程处。

(2) 测稳压二极管的反向特性时，反向电流不能超过 20mA。

**五、预习要求**

(1) 预习本书附录中有关电阻、二极管和晶体管识别的内容。

(2) 复习稳压二极管的伏安特性和晶体管的工作原理。

(3) 写出预习报告。

**六、实验内容及步骤**

1. 用万用表测电阻

仔细查看各种色环电阻，并用万用表测量它们的阻值。

2. 用万用表检测二极管

用万用表判断二极管（2AP9 和 2AK10 型）的极性及好坏。

3. 用万用表判断晶体管

用万用表判断晶体管（3DG6 和 4CG14 型）的三个管脚及晶体管的类型（NPN 还是 PNP；硅管还是锗管等）。

4. 测量稳压二极管的伏安特性

用逐点法测量稳压管的伏安特性，电路如图 4-4 所示。通过调节电压源输出的数值，测量稳压管的伏安特性。

(1) 按图 4-4 (a) 接线，由小到大逐渐增加电压源输出的数值，使二极管的正向电压分别为 0.1、0.2V、…、1V，逐点测量正向电流，将数据记入表 4-1 中。

表 4-1　　　　　　　　　　稳压二极管的正向伏安特性

| $U$(V) | 0.1 | 0.2 | 0.3 | 0.4 | 0.5 | 0.6 | 0.7 | 0.8 | 0.9 | 1.0 |
|--------|-----|-----|-----|-----|-----|-----|-----|-----|-----|-----|
| $I$(mA) |     |     |     |     |     |     |     |     |     |     |

(2) 按图 4-4 (b) 接线，调节电压源输出的数值，使稳压二极管的反向电压分别为 2、4、6、8、10V，逐点测量反向电流，将数据记入表 4-2 中。

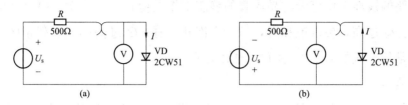

图 4 - 4  稳压二极管伏安特性的测量

(a) 稳压二极管正向特性的测量电路；(b) 稳压二极管反向特性的测量电路

表 4 - 2  稳压二极管的反向伏安特性

| $U(V)$ | 2 | 4 | 6 | 8 | 10 |
|---|---|---|---|---|---|
| $I(\mu A)$ | | | | | |

**七、思考题**

(1) 除了用万用表测电阻，还可以哪些方法测电阻？

(2) 稳压二极管有哪些主要参数？

**八、实验报告要求**

(1) 整理记录实验数据，画出稳压二极管的伏安特性曲线。

(2) 在特性曲线上标出稳压二极管的主要参数。

## 4.2  单管共射极放大电路的测量

**一、实验目的**

(1) 掌握共射极放大电路静态工作点和电压放大倍数的测试方法。

(2) 观测电路参数改变时对放大电路静态工作点、电压放大倍数及输出波形的影响。

(3) 观测静态工作点对放大电路波形失真的影响。

(4) 学习常用电子仪器的使用。

**二、实验原理**

单管共射极放大电路是放大电路中最基本的电路，它能将几十赫兹到几百赫兹的信号进行不失真的放大。放大电路最基本的要求，一是不失真，二是能够放大。

放大电路的线性工作范围与晶体管的静态工作点 $Q$ 的位置有关。$Q$ 在直流负载线中点附近合适。$Q$ 过高，接近饱和区，易产生饱和失真；$Q$ 过低，接近截止区，易产生截止失真。$Q$ 常用直流量 $I_B$、$I_C$ 和 $U_{CE}$ 的值表示。

1. 实验电路

单管共射极放大电路如图 4-5 所示，此电路也称固定偏置放大电路。由图 4-5 可见，电路中只有一个放大器件晶体管，且以晶体管的发射极作为输入回路与输出回路的公共电极，故称为单管共射极放大电路。电路中的电位器 RP（接入电路阻值为 $R_{RP}$）用来调整基极电流 $I_B$，以调整放大电路的静态工作点。

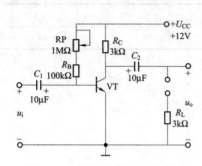

图 4-5　单管共射极放大电路

2. 电路静态、动态参数的计算

放大电路的静态工作点为

$$I_B = \frac{U_{CC} - U_{BE}}{R_B + R_{RP}}$$

$$I_C = \beta I_B \quad (\beta = 100)$$

$$U_{CE} = U_{CC} - I_C R_C$$

电压放大倍数为

$$A_u = \frac{\dot{U}_o}{\dot{U}_i} = -\beta \frac{(R_L // R_C)}{r_{be}}$$

其中

$$r_{be} = 300\Omega + (1 + \beta) \frac{26\text{mV}}{I_E\,(\text{mA})}$$

**三、实验设备与元器件**

(1) 模拟电子技术实验箱　　　　　1 台
(2) 单管共射极放大电路实验板　　1 块
(3) 直流电压表　　　　　　　　　1 块
(4) 信号发生器　　　　　　　　　1 台
(5) 数字示波器　　　　　　　　　1 台

**四、注意事项**

(1) 信号发生器作信号源使用时，它的输出端不允许短路。

(2) 测试中，应将信号发生器、示波器及实验电路的接地端连接在一起。

(3) 由于信号发生器有内阻，测量放大电路输入信号 $u_i$ 时，应将放大电路与信号发生器连接上再测量，避免造成误差。

### 五、预习要求

（1）复习单管共射极放大电路的工作原理，估算放大电路的静态工作点（$\beta$ 按 100 计算）。

（2）复习本书第 2 章有关信号发生器和数字示波器使用的内容。

（3）写出预习报告。

### 六、实验内容及步骤

1. 测量静态工作点 $Q$

（1）按图 4−5 接线，输出端接负载电阻 $R_L$（$R_L = 3\text{k}\Omega$），检查无误后接通电源。

（2）将电路的输入端对地短路，调节电位器 RP，使 $U_C = 6\text{V}$，保持 RP 不变，用直流电压表测量 $U_B$ 的值，并将结果记入表 4−3 中。

表 4−3　　　　　　　　　　　　静态工作点 $Q$ 的测量

| 给定条件 $U_{CC}=12\text{V},\ U_i=0\text{V}$ | 测量结果 | | 实测值计算 | |
|---|---|---|---|---|
| | $U_C(\text{V})$ | $U_B(\text{V})$ | $I_C(\text{mA})$ | $I_B(\text{mA})$ |
| RP 合适值，$R_L=3\text{k}\Omega$ | 6 | | | |
| RP 合适值，$R_L=\infty$ | | | | |

2. 测量电压放大倍数 $A_u$

将输入端对地短路线去掉，由信号发生器输出有效值 $U_i=5\text{mV}$、$f=1\text{kHz}$ 的正弦信号，并加到放大电路的输入端。用示波器观察输出波形，并测量输出电压 $U_o$ 的数值（有效值），将测量结果及波形记入表 4−4 中。

 注 意

先用示波器对信号发生器输出的正弦信号大致测量，加到电路输入端后再精确测量。

表 4−4　　　　　　　　　输出电压的测量及电压放大倍数 $A_u$ 的计算

| 给定条件 $U_i=5\text{mV},\ f=1\text{kHz}$ | 测量结果 | | 实测值计算 | 估算值 |
|---|---|---|---|---|
| | $U_o(\text{V})$ | 波形 | $A_u=U_o/U_i$ | $A_u$ |
| $R_L=3\text{k}\Omega$ | | | | |
| $R_L=\infty$ | | | | |

3. 观测负载的变化对 $Q$ 点、$A_u$ 及输出波形的影响

(1) 输出端不接负载电阻 $R_L(R_L=\infty)$，保持 RP 不变。

(2) 去掉输入信号，用直流电压表测量 $U_B$、$U_C$ 的值，并将结果记入表 4-3 中。电路的输入端接入 $U_i=5\text{mV}$、$f=1\text{kHz}$ 的正弦信号，用示波器观察输出波形并测量输出电压 $U_o$ 的数值，将测量结果及波形记入表 4-4 中。

4. 观测静态工作点的变化对输出波形的影响

(1) 将 RP 调至最小值。输入有效值 $U_i=5\text{mV}$、$f=1\text{kHz}$ 的正弦信号，用示波器观察输出波形，并将失真波形记录下来。去掉输入信号，用直流电压表测量 $U_B$、$U_C$ 的值，将结果及失真波形记入表 4-5 中。

(2) 将 RP 调至最大值。输入有效值 $U_i=30\text{mV}$、$f=1\text{kHz}$ 的正弦信号，用示波器观察输出波形，并将失真波形记录下来。去掉输入信号，用直流电压表测量 $U_B$、$U_C$ 的值，将结果及失真波形记入表 4-5 中。

表 4-5　　　　　　　　　　　　　失真状态的测量结果

| 给定条件 $R_L=\infty$ | 静态工作点 | | 输出波形 | 工作状态（饱和或截止） |
|---|---|---|---|---|
| | $U_C(\text{V})$ | $U_B(\text{V})$ | | |
| $R_{RP}$ 最小，$U_i=5\text{mV}$ | | | | |
| $R_{RP}$ 最大，$U_i=30\text{mV}$ | | | | |

### 七、思考题

(1) $R_L$ 变化对静态工作点 $Q$ 有无影响？对电压放大倍数 $A_u$ 有何影响？

(2) 测量过程中，所有仪器与实验电路的公共端必须接在一起，为什么？

### 八、实验报告要求

(1) 整理数据和波形，记入相对应的表格中。

(2) 写出静态工作点和放大倍数估算值的计算过程，并将结果记入相应的表格中。

## 4.3　集成运算放大器在信号运算方面的应用

### 一、实验目的

(1) 深入了解集成运算放大器 LM741 的使用方法。

（2）加深理解集成运算放大器的结构特点和基本性能。

（3）学习使用集成运算放大器构成基本运算电路的方法。

## 二、实验原理

集成运算放大器是一高电压放大倍数的直接耦合多级放大电路，它有两个输入端、一个输出端。在它的输出端和反相输入端之间加上反馈电路，集成运算放大器工作在线性区，可实现比例、加法、减法、积分和微分等简单运算；如集成运算放大器开环或在它的输出端和同相输入端之间加上反馈电路，集成运算放大器工作在非线性区，可实现电压比较器和构成信号发生器等。

为了提高集成运算放大器的运算准确度，必须采用调零技术，保证集成运算放大器在输入为零时输出也为零。

实验中使用的集成运算放大器为 LM741，其引脚图如图 4-6 所示。LM741 是双电源单运算放大器，有外接调零端。实际使用时，其 1 脚和 5 脚之间接有调零电位器。

1. 反相比例运算电路

在图 4-7 所示电路中，当集成运放的开环电压放大倍数足够大（大于 $10^4$）时，反相比例运算电路的输出电压表达式为

$$u_o = -\frac{R_F}{R_1} u_i$$

式中：$R_1$ 为反相输入电阻；$R_F$ 为反馈电阻。

当 $R_1 = R_F$ 时，构成的电路称为反相器。

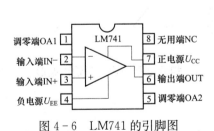

图 4-6　LM741 的引脚图

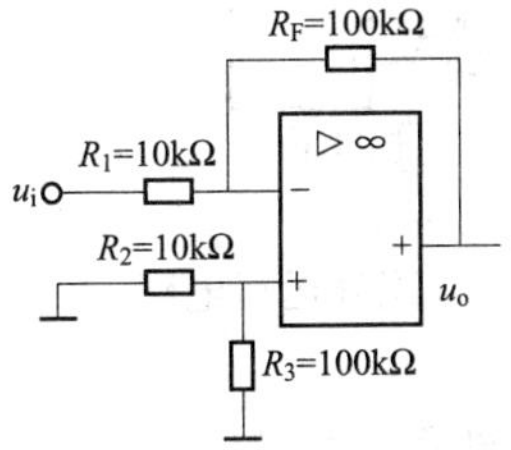

图 4-7　反相比例运算电路

2. 减法运算电路

在图 4-8 所示电路中，当集成运放的开环电压放大倍数足够大（大于 $10^4$）时，减法运算电路的输出电压表达式为

$$u_o = \frac{R_F}{R_1}(u_{i2} - u_{i1})$$

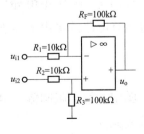

图 4-8　减法运算电路

式中：$u_{i1}$ 为反相输入端电压；$u_{i2}$ 为同相输入端电压；$R_1$ 为反相输入电阻；$R_F$ 为反馈电阻。

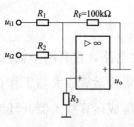

图 4-9  反相加法运算电路

### 3. 反相加法运算电路

在图 4-9 所示电路中，当集成运放的开环电压放大倍数足够大（大于 $10^4$）时，反相加法运算电路的输出电压表达式为

$$u_o = -\left(\frac{R_F}{R_1}u_{i1} + \frac{R_F}{R_2}u_{i2}\right)$$

式中：$u_{i1}$ 和 $u_{i2}$ 分别为反相输入端两个电压；$R_1$、$R_2$ 分别为反相输入电阻；$R_F$ 为反馈电阻。

### 4. 积分运算电路

在图 4-10 所示电路中，当集成运放的开环电压放大倍数足够大（大于 $10^4$）时，积分运算电路的输出电压表达式为

$$u_o = -\frac{1}{R_1 C_F}\int u_i \mathrm{d}t$$

图中，为了防止低频信号增益过大，在积分电容两端并联一个反馈电阻 $R_F$。

如果输入信号 $u_i$ 为矩形波时，其输出电压 $u_o$ 为三角波，如图 4-11 所示。

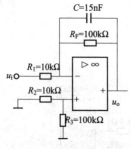

图 4-10  积分运算电路

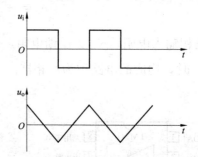

图 4-11  积分电路的输入与输出波形

### 5. 微分运算电路

在图 4-12 所示电路中，当集成运放的开环电压放大倍数足够大（大于 $10^4$）时，微分运算电路的输出电压表达式为

$$u_o = -R_F C \frac{\mathrm{d}u_i}{\mathrm{d}t}$$

图中，为了限制输入电流、防止出现阻塞现象，将输入电容与一个电阻 $R_1$ 串联作为输入元件。

如果输入信号 $u_i$ 为矩形波时，其输出电压 $u_o$ 为尖顶波，如图 4-13 所示。

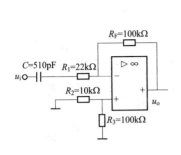

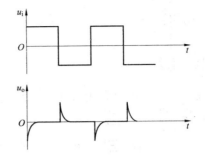

图 4 - 12　微分运算电路　　　图 4 - 13　微分电路的输入与输出波形

### 三、实验设备与元器件

(1) 信号发生器　　　　　1 台
(2) 直流电压表　　　　　1 块
(3) 数字示波器　　　　　1 台
(4) 集成运放实验板　　　1 块
(5) 模拟电子技术实验箱　1 台

### 四、注意事项

(1) 为了提高运算准确度，各运算电路首先应进行调零，即保证在零输入时运算电路输出为零。

(2) LM741 集成运放的各个引脚不要接错，尤其正、负电源不能接反，否则易烧坏芯片。

### 五、预习要求

(1) 复习集成运放基本运算电路的工作原理及各电路的输入输出关系。

(2) 熟悉集成运放实验板的分布图，并结合基本运算电路图画出各电路的实际接线图。

(3) 按照各电路的理论计算公式给出计算结果，并计算反相加法运算电路中 $R_1$、$R_2$、和 $R_3$ 的阻值。

### 六、实验内容及步骤

实验运算放大器实验板分布图如图 4 - 14 所示。

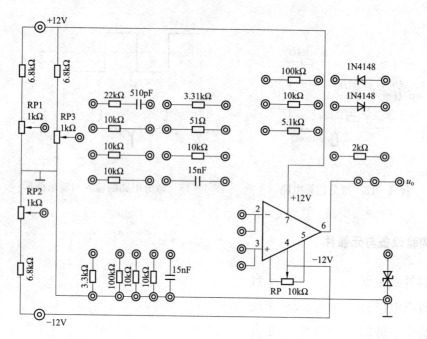

图 4-14　集成运算放大器实验板分布图

1. 反相比例运算电路

1）按图 4-7 接线，检查无误后接通电源。

2）运算电路调零：将电路的输入端接地，调节调零电位器 RP（接在运放 1 脚和 5 脚之间），使运放静态输出电压 $u_o = 0$，用直流电压表测量。

3）将输入端接地线去掉，从 RP1 或 RP3 的中间抽头输入直流信号 $u_i = 0.5V$，用直流电压表测量 $u_o$ 的值，将结果记入表 4-6 中。

2. 减法运算电路

（1）按图 4-8 接线，检查无误后接通电源。

（2）从 $RP_1$ 和 $RP_3$ 的中间抽头分别输入直流信号 $u_{i1} = 1V$，$u_{i2} = 0.5V$，用直流电压表测量 $U_o$ 的值，将结果记入表 4-7 中。

| 表 4-6 | 测量数据 |
| --- | --- |
| $u_i$ (V) | 0.5 |
| $u_o$ (V) | |
| $A_{uf} = u_o/u_i$ | |

| 表 4-7 | 测量数据 |
| --- | --- |
| $u_{i1}$ (V) | 1.0 |
| $u_{i2}$ (V) | 0.5 |
| $u_o$ (V) | |

3. 反相加法运算电路

（1）电路如图 4-9 所示，若使电路满足 $u_o = -10(u_{i1} + u_{i2})$，那么当 $R_F = 100k\Omega$

时，$R_1$、$R_2$ 和 $R_3$ 应选多大的阻值？写出计算公式和结果。

（2）阻值选定后按图接线，检查无误后接通电源。

（3）运算电路调零：将电路的输入端 $u_{i1}$ 和 $u_2$ 同时接地，调节调零电位器 RP，使输出电压 $u_o=0$，用直流电压表测量。

（4）将输入端接地线去掉，从 RP1 和 RP2 的中间抽头分别输入直流信号 $u_{i1}=1\text{V}$，$u_{i2}=-0.5\text{V}$，用直流电压表测量 $u_o$ 的值，并将结果记入表 4-8 中。

表 4-8　　　　测量数据

| $u_{i1}$ (V) | 1.0 |
|---|---|
| $u_{i2}$ (V) | −0.5 |
| $u_o$ (V) | |

4. 积分运算电路

按图 4-10 接线，输入频率 $f=1\text{kHz}$、峰—峰值 $U_{P-P}=2\text{V}$（用示波器测量）的方波信号，用示波器的双踪方式观察 $u_i$ 与 $u_o$ 的波形及其相位关系，并将波形描绘下来。

5. 微分运算电路

按图 4-12 接线，输入频率 $f=1\text{kHz}$、峰—峰值 $U_{P-P}=2\text{V}$（用示波器测量）的方波信号，用示波器的双踪方式观察 $u_i$ 与 $u_o$ 的波形及其相位关系，并将波形描绘下来。

**七、思考题**

（1）反相加法运算电路中的电阻 $R_3$ 的作用是什么？

（2）积分运算电路中 $R_F$ 和微分运算电路中 $R_1$ 的作用是什么？

**八、实验报告要求**

（1）画出各电路图。列表整理实验数据，画出积分、微分电路的输入、输出波形图，注意相位关系。

（2）计算反相比例电路、减法电路和反相加法电路的 $u_o$ 值，并与测量值比较，分析误差原因。

## 4.4　集成运算放大器的非线性应用

**一、实验目的**

（1）掌握集成运放的特点和使用方法。

（2）掌握集成运放非线性应用电路的测试方法。

（3）学习用示波器测量信号幅度和频率的方法。

## 二、实验原理

### 1. 基本电压比较器

在集成运放的一个输入端加输入信号 $u_i$，另一个输入端加基准电压 $U_R$，就构成了基本电压比较器，如图 4-15 所示。此时，$u_+ = u_i$，$u_- = U_R$。

当 $u_i > U_R$ 时，$u_o = +U_{OM}$；当 $u_i < U_R$ 时，$u_o = -U_{OM}$。其电压传输特性如图 4-16 所示。

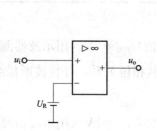
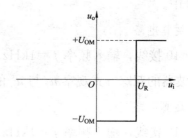

图 4-15  基本电压比较器          图 4-16  基本电压比较器电压传输特性

### 2. 滞回电压比较器

滞回电压比较器是带有正反馈的电压比较器，其电路如图 4-17 所示。输入信号 $u_i$ 加到运放的反相输入端，$R_2$ 和 $R_3$ 组成的正反馈电路作用于同相输入端，VS 是双向稳压管，使输出电压 $u_o$ 的幅度限制在 $\pm U_Z$，$R_4$ 为限流电阻。电路的电压传输特性如图 4-18所示。电路的阈值电压为

$$\pm U_T = \pm \frac{R_2}{R_2 + R_3} U_Z$$

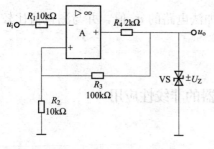
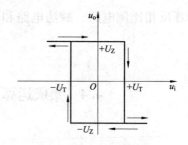

图 4-17  滞回电压比较器          图 4-18  电压传输特性

### 3. 正弦波振荡电路

正弦波振荡电路如图 4-19 所示，由集成运放和负反馈支路 $R_1$、$R_2$、RP 构成放大环节，RC 串并联网络构成正反馈支路。负反馈支路中接入二极管 VD1 和 VD2 实现振

荡幅度的自动稳定。电路要求闭环电压放大倍数 $A_u \geqslant 3$，可以通过调节电位器 RP 改变放大倍数 $A_u$ 满足振幅条件，振荡频率 $f = 1/2\pi RC$。

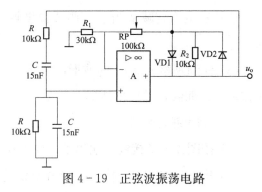

图 4-19　正弦波振荡电路

振荡电路的最大振荡幅度和最高振荡频率受到集成运放最大输出幅度和转换速率等指标的限制。

### 三、实验设备与元器件

(1) 直流电压源　　　　　　1 台
(2) 信号发生器　　　　　　1 台
(3) 数字示波器　　　　　　1 台
(4) 集成运放实验板　　　　1 块
(5) 模拟电子技术实验箱　　1 台
(6) 数字万用表　　　　　　1 块

### 四、注意事项

(1) 在电压比较器电路中，集成运放工作在非线性区。
(2) 在正弦波振荡电路中，输出信号稳幅振荡时，集成运放工作在线性区。

### 五、预习要求

(1) 复习基本电压比较器、滞回电压比较器和正弦波振荡电路的工作原理。
(2) 估算正弦波振荡电路的周期和频率。
(3) 写出预习报告。

### 六、实验内容及步骤

参考 4.3 中的 4-14，熟悉实验所需元器件的位置。

1. 基本电压比较器

(1) 按图 4-15 接线，检查无误后接通电源。

(2) 从电路的输入端输入 $f = 1\text{kHz}$ 的正弦波信号，用示波器的双踪方式观测输入信号和输出信号的波形。其中，输入信号 $u_i$ 接至 CH1(X) 端，输出信号 $u_o$ 接至 CH2(Y) 端。

信号发生器衰减适当值。调节幅度调节旋钮，使 $u_i$ 逐渐增大，直到 $u_o$ 出现方波为止。

（3）仔细观察 $u_i$、$u_o$ 的波形，将波形绘出来。然后将示波器选为 XY 方式，观察电压传输特性曲线，并绘出波形。

2. 滞回电压比较器

（1）按图 4-17 接线，输出端双向稳压二极管的稳压值为 $U_Z \approx \pm 6.7V$。

（2）从电路的输入端输入 $f = 1kHz$ 的正弦波信号，用示波器的双踪方式观测输入信号和输出信号的波形。其中，输入信号 $u_i$ 接至 CH1（X）端，输出信号 $u_o$ 接至 CH2（Y）端。

信号发生器衰减适当值。调节幅度调节旋钮，使 $u_i$ 逐渐增大，直到 $u_o$ 出现方波为止。

（3）仔细观察 $u_i$、$u_o$ 的波形，将波形绘出来。然后将示波器选为 XY 方式，观察电压传输特性曲线，并绘出波形。

3. 正弦波振荡电路的测试

（1）按图 4-19 接线，检查无误后接通电源。

（2）测量正弦波振荡电路的最大不失真输出电压 $U_{OPP}$ 和振荡周期 $T$。

调节电位器 RP，用示波器观察输出电压 $u_o$ 的波形。当 $u_o$ 的波形为最大不失真正弦波时，在示波器读出输出电压的峰—峰值 $U_{OPP}$ 和周期 $T$，并计算振荡频率 $f$，将结果记入表 4-9 中。

（3）计算电压放大倍数 $A_u$。$A_u$ 的计算公式为

$$A_u = 1 + \frac{R_{RP} + R_2}{R_1}$$

关闭电源，拆掉连线，用万用表测量 RP 的阻值，利用公式计算 $A_u$。

表 4-9 正弦波振荡电路的测量数据

| 测量项目 | $U_{OPP}$(V) | $T$(ms) | $f$(kHz) | $R_{RP}$(kΩ) | $A_u$ | 波形 |
|---|---|---|---|---|---|---|
| 测量结果 | | | | | | |

七、思考题

（1）图 4-15 中，若 $u_i$ 加到运算放大器的反相输入端，$U_R$ 加到运算放大器的同相

输入端，结果又怎样呢?

(2) 图 4-17 中，若 $u_。= \pm 10\text{V}$，计算滞回电压比较器的阈值电压。

**八、实验报告要求**

(1) 列表整理实验数据，画出各电路相应的输出波形，标出波形的幅值和周期。

(2) 计算正弦波振荡电路的振荡周期、滞回电压比较器的阈值电压，并与测量值比较，分析误差产生的原因。

## 4.5  整流、滤波及稳压电路的测量

**一、实验目的**

(1) 掌握单相半波整流、桥式整流、电容滤波及稳压二极管稳压电路的测试方法。

(2) 掌握 W7800 系列集成稳压器的特点及测试方法。

(3) 学习用示波器测量整流、滤波及稳压后输出电压的方法。

**二、实验原理**

直流稳压电源用于向电子电路提供电能，是实验室最基本、最常用的设备之一。它一般由电源变压器、整流电路、滤波电路和稳压电路组成。作为电子电路工作的能源，直流稳压电源应满足直流输出电压平滑，脉动成分小，且当电网电压和负载电流在一定范围内波动时，输出电压稳定等特征。

本实验对单相半波整流、桥式整流、电容滤波和稳压二极管稳压电路进行测试，并对三端集成稳压器 W7800 系列的基本应用电路进行测试。

**三、实验设备与元器件**

(1) 数字示波器　　　　　1 台

(2) 直流稳压电源实验板　1 块

(3) 模拟电子技术实验箱　1 台

**四、注意事项**

(1) 将电容接入电路时，注意电解电容的极性。

(2) 稳压二极管接入稳压电路时，一定要先接入限流电阻，以免击穿。

**五、预习要求**

(1) 复习单相半波整流、桥式整流、电容滤波及稳压管稳压电路的工作原理。

(2) 复习三端集成稳压器 W7800 系列的特点及应用电路。

(3) 写出预习报告。

**六、实验内容及步骤**

接线时，应关闭电源，待接线完成并检查无误后，再接通电源进行实验。

1. 单相半波整流电路

(1) 从模拟电子技术实验箱上找到～9V 输出端，将其作为电路的输入电压，即 $u_2 = 9\sqrt{2}\sin\omega t$。用数字示波器观察其波形，并测量其方均根值（有效值），将波形及测量结果记入表 4-10 中。

(2) 电路如图 4-20 所示，按图接线。

(3) 用数字示波器观察 $u_o$ 的波形，并测量其平均值，将波形及测量结果记入表 4-10 中。

(4) 关闭电源。

2. 桥式整流、电容滤波和稳压二极管稳压电路

(1) 桥式整流电路。

1) 电路如图 4-21 所示，按图接线。

2) 用数字示波器观察 $u_o$ 的波形，并测量其平均值，将波形及测量结果记入表 4-10 中。

3) 关闭电源。

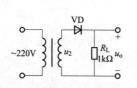

图 4-20 单相半波整流电路

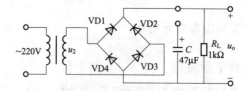

图 4-21 桥式整流与电容滤波电路

(2) 桥式整流、电容滤波电路。

1) 电路如图 4-21 所示，在桥式整流电路的基础上，接入滤波电容 $C = 47\mu F$。接入电解电容时，一定要注意电容的极性，切勿接反。

2) 用数字示波器观察 $u_o$ 的波形，测量其平均值，将波形及测量结果记入表 4-10 中。

3）关闭电源。

**表 4 - 10**　　　　　　　　　　　**整流、滤波及稳压电路的测量结果**

| 测量项目 | 测量结果 | |
|---|---|---|
| | 电压值（V） | 波形 |
| 输入电压 $u_2$ | （方均根值） | |
| 半波整流输出电压 $u_o$ | （平均值） | |
| 桥式整流输出电压 $u_o$ | （平均值） | |
| 桥式整流、电容滤波输出电压 $u_o$ | （平均值） | |
| 稳压二极管稳压输出电压 $u_o(R_L=\infty)$ | （平均值） | |
| 稳压二极管输出电压 $u_o(R_L=800\Omega)$ | （平均值） | |
| 集成稳压器输出电压 $u_o(R_L=\infty)$ | （平均值） | |
| 集成稳压器输出电压 $u_o(R_L=800\Omega)$ | （平均值） | |

（3）稳压二极管稳压电路。

1）电路如图 4 - 22 所示，在桥式整流、电容滤波电路的基础上，接入了稳压二极管稳压电路。接入稳压电路时，一定要接入 680Ω 的限流电阻，否则会击穿稳压二极管。注意检查电路，保证接线正确再打开电源。

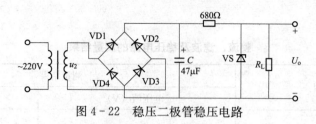

图 4-22　稳压二极管稳压电路

2）负载开路（$R_L = \infty$）时，用数字示波器观察 $u_o$ 的波形，并测量其平均值，将波形及测量结果记入表 4-10 中。

3）在稳压二极管两端并联负载（$R_L = 800\Omega$）时，用数字示波器观察 $u_o$ 的波形，并测量其平均值，将波形及测量结果记入表 4-10 中。

4）关闭电源。

3. W7800 系列集成稳压器的测试

W7800 系列稳压器有三个引出端，即输入端 1、输出端 2 和公共端 3，所以也称为三端集成稳压器。

W7800 系列输出电压是固定的正向电压，对于具体器件，符号中的"00"有具体的数字，表示输出电压的数值。输出电压的数值有 5、6、9、12、15、18V 及 24V 等。例如 W7805 的 $u_o = 5V$，W7815 的 $u_o = 15V$。

（1）电路如图 4-23 所示，将桥式整流、电容滤波后的输出电压作为稳压电路的输入电压，按图接线。

（2）负载开路（$R_L = \infty$）时，用数字示波器观察 $u_o$ 的波形，并测量其平均值，将波形及测量结果记入表 4-10 中。

（3）电路接入负载（$R_L = 800\Omega$）时，用数字示波器观察 $u_o$ 的波形，并测量其平均值，将波形及测量结果记入表 4-10 中。

（4）关闭电源。

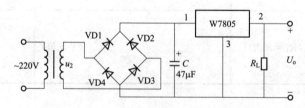

图 4-23　W7800 系列集成稳压器稳压电路

七、思考题

（1）稳压二极管稳压电路中限流电阻的作用是什么？

（2）稳压二极管和集成稳压器哪个带负载能力强？

**八、实验报告要求**

（1）列表整理实验数据，画出各电路的输出波形。

（2）计算半波整流、桥式整流、电容滤波输出电压的平均值，并与测量值比较，分析误差产生的原因。

# 5

# 数字电子技术实验

# 5.1　常用集成门电路的功能测试及应用

**一、实验目的**

(1) 掌握常用集成门电路的功能，熟悉其引脚排列图及使用方法。

(2) 掌握常用门电路组成其他门电路的分析方法。

(3) 掌握利用与非门组成其他门电路的方法。

**二、实验原理**

数字电路中应用最广泛的集成电路是 TTL 和 CMOS 电路。常用的门电路有与非门、或门、异或门和三态门等。

1. TTL 电路

TTL 电路是双极型数字集成电路，根据电路的工作速度和功耗高低可分为多种系列，其中 74LS 系列为民用低功耗系列，应用非常广泛。74LS 系列工作电源电压为 4.5~5.5V，输出逻辑高电平时 $U_{OH} \geqslant 2.4V$，输出逻辑低电平时 $U_{OL} \leqslant 0.4V$，要求输入逻辑高电平不低于 2V，输入逻辑低电平不高于 0.8V。

2. CMOS 电路

CMOS 电路是单极型集成门电路，具有输入电阻高、功耗小、输出幅度大、电源变化范围宽、集成度高等特点。根据电路的工作速度和功耗高低可分为 4000、HC(HCT)、AC(ACT) 等几个系列。其中 HC(HCT) 系列具有工作速度高、带负载能力强，与 TTL 器件电压兼容等特点，应用广泛。74HC/HCT 系列与 74LS 系列的产品，只要最后 3 位数字相同，可交换使用。

**三、实验设备与元器件**

(1) 数字电子技术实验箱　　　1台
(2) 集成芯片

74LS00　四2输入与非门　　　1片
74LS86　四2输入异或门　　　1片
74LS32　四2输入或门　　　　1片
74LS125　四总线缓冲门　　　1片

74HC00    四 2 输入与非门        1 片

**四、注意事项**

（1）插入集成芯片时，要认清定位标记，不得插反。

（2）集成芯片各个引脚不要接错，尤其电源（$V_{CC}$）和地（GND）不能接反，否则易烧坏芯片。

（3）注意 TTL 门电路和 CMOS 门电路在使用时的不同之处。

**五、预习要求**

（1）认真阅读本实验内容，查阅附录中与实验相关的芯片的功能及引脚图。

（2）根据选用的逻辑器件，按照实验要求设计电路，画出逻辑电路图。

（3）写出预习报告。

**六、实验内容与步骤**

1. 常用集成门电路逻辑功能的测试

在数字实验箱上找到 74LS00、74LS32 和 74LS86，查阅本书附录中常用数字集成电路的引脚排列图，将所用芯片的 $V_{CC}$ 接电源 5V，GND 接电源地。

将 74LS00 中的一个与非门、74LS32 中的一个或门及 74LS86 中的一个异或门分别按图 5-1 接线。输入端 A、B 接数据开关，输出端 Y1、Y2、Y3 分别接电平指示中的一个发光二极管。检查线路无误后接通电源，按表改变输入端的状态（开关闭合灯亮为 1、开关断开灯灭为 0），观察发光二极管的状态（灯亮为 1、灯灭为 0），将输出结果记入表 5-1 中。

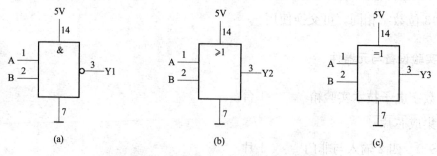

图 5-1　常用集成门电路的逻辑符号

(a) 74LS00 的逻辑符号；(b) 74LS32 的逻辑符号；(c) 74LS86 的逻辑符号

表 5 - 1                  逻辑状态表

| 输入<br>A  B | 输出<br>Y1(00) | 输出<br>Y2(32) | 输出<br>Y3(86) |
|---|---|---|---|
| 0  0 | | | |
| 0  1 | | | |
| 1  0 | | | |
| 1  1 | | | |

2. 用与非门组成其他逻辑门电路

(1) 用与非门组成非门电路。用与非门组成非门有三种方法：

① 与非门的一个输入端接输入信号，其他输入端接高电平或接5V；

② 与非门的一个输入端接输入信号，其他输入端悬空（适于TTL门电路）；

③ 与非门的所有输入端连接在一起作为一个输入端接输入信号。

与非门组成非门的接线如图 5 - 2 所示。从三种接线图中任选一种，将测试结果记入表 5 - 2 中。

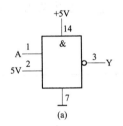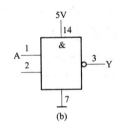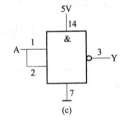

图 5 - 2    与非门组成非门的接线

表 5 - 2                  逻辑状态表

| A | 0 | 1 |
|---|---|---|
| Y | | |

(2) 用与非门组成与门电路。

将 74LS00 的 $V_{CC}$ 接电源 5V，GND 接电源地，按图 5 - 3 接线，测试电路的逻辑功能，将测试结果记入表 5 - 3。

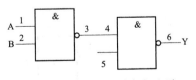

图 5 - 3    与非门组成与门电路

3. 用与非门设计或门电路

根据或门的逻辑表达式 $Y = A + B = \overline{\overline{A + B}} = \overline{\overline{A} \cdot \overline{B}}$ 可知，可用三个与非门组成一个或门。要求画出用与非门组成的或门电路，并用 74LS00 中的三个与非门连接成一个或门。

改变输入端的状态，观察输出端的状态，将观察结果记入表 5 - 4。

**表 5 - 3**　　　　　　　　　　　　　　　　　**逻辑状态表**

| A | 0 | 0 | 1 | 1 |
|---|---|---|---|---|
| B | 0 | 1 | 0 | 1 |
| Y | | | | |

**表 5 - 4**　　　　　　　　　　　　　　　　　**逻辑状态表**

| A | 0 | 0 | 1 | 1 |
|---|---|---|---|---|
| B | 0 | 1 | 0 | 1 |
| Y | | | | |

**4. 三态门的测试与应用**

在数字实验箱上找到 74LS125，芯片引脚图查阅本书附录，$V_{CC}$ 接电源 5V，GND 接电源地，其逻辑符号如图 5 - 4 所示。

（1）三态门逻辑功能的测试。将 74LS125 中一个三态门的 A 和 $\overline{EN}$ 分别接数据开关，Y 接电平指示中的一个发光二极管。先使 $\overline{EN}=0$，改变 A 的状态，观察发光二极管的状态。再使 $\overline{EN}=1$，重复上述步骤，将结果记入表 5 - 5 中。

**表 5 - 5**　　　　　　　　　　　　　　　　　**逻辑状态表**

| $\overline{EN}$ | 0 | 0 | 1 | 1 |
|---|---|---|---|---|
| A | 0 | 1 | 0 | 1 |
| Y | | | | |

（2）三态门的应用。将 74LS00 和 74LS125 的 $V_{CC}$ 接电源 5V，GND 接电源地，按图 5 - 5 接线，测试电路的逻辑功能，将测试结果记入表 5 - 6。

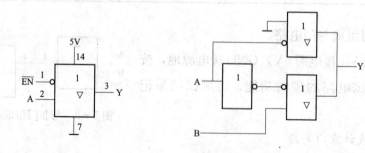

图 5 - 4　74LS125 的逻辑符号　　　　图 5 - 5　三态门的应用电路

| 表 5-6 | | 逻辑状态表 | | | | | |
|---|---|---|---|---|---|---|---|
| A | | 0 | | 0 | | 1 | 1 |
| B | | 0 | | 1 | | 0 | 1 |
| Y | | | | | | | |

5. CMOS 门电路逻辑功能的测试

CMOS 门电路逻辑功能的测试与 TTL 门电路相同。从数字实验箱上找到 74HC00,其引脚图与 74LS00 相同,$V_{CC}$接电源 5V,GND 接电源地。从 74HC00 中任选一个与非门,测试其逻辑功能,并记入自行设计的表格中。

**七、思考题**

(1) 当多个三态门的输出端连在一起实现总线结构时,有一个三态门处于工作状态,则其余的三态门应处于什么状态? 它们能否同时输出数据?

(2) TTL 与非门输入端悬空相当于输入什么电平?

(3) TTL 门电路多余的输入端应如何处理?

(4) CMOS 门电路输入端可以悬空吗?

**八、实验报告要求**

(1) 列表整理实验数据,画出各逻辑电路图,写出逻辑表达式。

(2) 画出用与非门组成的或门电路的逻辑电路图。

## 5.2　组合逻辑电路的分析与测试

**一、实验目的**

(1) 熟悉组合逻辑电路的特点及一般分析方法。

(2) 验证用集成门电路组成异或门的逻辑功能。

(3) 验证用集成门电路组成的半加器和全加的器逻辑功能。

**二、实验原理**

组合逻辑电路的分析就是根据给定的逻辑电路图,写出逻辑表达式并化简,列出逻辑状态表,说明逻辑功能。

1. 半加器

将两个 1 位二进制数相加，不考虑低位来的进位，这种加法器称为半加器。半加器有两个输入信号，分别为被加数和加数；两个输出信号分别为本位和和向高位的进位。

2. 全加器

将两个 1 位二进制数相加，考虑低位来的进位，这种加法器称为全加器。全加器有三个输入信号，分别为被加数、加数和低位来的进位；两个输出信号分别为本位和和向高位的进位。

### 三、实验设备与元器件

(1) 数字电子技术实验箱　　　1 台
(2) 集成芯片

74LS00　　四 2 输入与非门　　1 片

74LS86　　四 2 输入异或门　　1 片

### 四、注意事项

(1) 进行复杂电路实验时，应首先检测所用的集成芯片是否能正常工作。

(2) 每个集成芯片工作时都必须接电源（$V_{CC}$）和地（GND）。

### 五、预习要求

(1) 熟悉与实验相关的芯片的功能及引脚图。

(2) 复习半加器和全加器的有关知识。

(3) 写出各电路的逻辑表达式并化简，列出逻辑状态表。

(4) 写出预习报告。

### 六、实验内容及步骤

1. 用与非门组成多数表决电路

(1) 电路如图 5-6 所示，其中 A、B、C 为输入变量，Y 为输出变量。

(2) 逐级写出电路的逻辑表达式并化简，由化简的逻辑表达式列逻辑状态表，并说明电路的逻辑功能。

(3) 用 74LS00 的四个与非门按图连线。检查无误后通电测试完成表 5-7。

**表 5 - 7**　　　　　　　　　　　　　　逻辑状态表

| A | 0 | 0 | 0 | 0 | 1 | 1 | 1 | 1 |
|---|---|---|---|---|---|---|---|---|
| B | 0 | 0 | 1 | 1 | 0 | 0 | 1 | 1 |
| C | 0 | 1 | 0 | 1 | 0 | 1 | 0 | 1 |
| Y |   |   |   |   |   |   |   |   |

2. 用与非门组成异或门

电路如图 5 - 7 所示，用 74LS00 的四个与非门按图连线，将测试结果记入表 5 - 8 中。

3. 用异或门和与非门组成半加器

电路如图 5 - 8 所示，用 74LS86 中的一个异或门和 74LS00 中的两个与非门按图连线，将测试结果记入表 5 - 9 中。

4. 用异或门和与非门组成全加器

电路如图 5 - 9 所示，用 74LS86 中的两个异或门和 74LS00 中的三个与非门按图连线，将测试结果记入表 5 - 10 中。

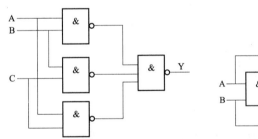　　　　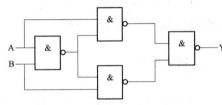

图 5 - 6　用与非门组成多数表决电路　　　图 5 - 7　与非门组成异或门电路

**表 5 - 8**　　　　　　　　　　　　　　逻辑状态表

| A | 0 | 0 | 1 | 1 |
|---|---|---|---|---|
| B | 0 | 1 | 0 | 1 |
| Y |   |   |   |   |

**表 5 - 9**　　　　　　　　　　　　　　逻辑状态表

| A | 0 | 0 | 1 | 1 |
|---|---|---|---|---|
| B | 0 | 1 | 0 | 1 |
| S |   |   |   |   |
| C |   |   |   |   |

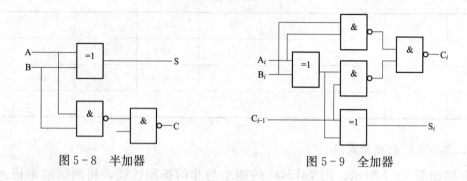

图 5 - 8  半加器                          图 5 - 9  全加器

**表 5 - 10**                        **逻辑状态表**

| | | | | | | | | |
|---|---|---|---|---|---|---|---|---|
| $A_i$ | 0 | 0 | 0 | 0 | 1 | 1 | 1 | 1 |
| $B_i$ | 0 | 0 | 1 | 1 | 0 | 0 | 1 | 1 |
| $C_{i-1}$ | 0 | 1 | 0 | 1 | 0 | 1 | 0 | 1 |
| $S_i$ | | | | | | | | |
| $C_i$ | | | | | | | | |

### 七、思考题

（1）组合逻辑电路有什么特点？
（2）组合逻辑电路的分析有哪几步？

### 八、实验报告要求

（1）写出各电路的逻辑表达式，认真记录数据并填写相应表格。
（2）总结组合逻辑电路的分析测试方法。

## 5.3  组合逻辑电路的设计

### 一、实验目的

（1）掌握组合逻辑电路设计的方法。
（2）熟悉常用集成芯片 74LS138 的使用方法。

### 二、实验原理

组合逻辑电路的设计就是根据给定的逻辑要求，画出实现该功能的最简逻辑电路图。其主要步骤如下：

(1) 根据逻辑要求，确定输入变量和输出变量，并分别进行赋值，列出逻辑状态表。

(2) 由逻辑状态表写出逻辑表达式，并将逻辑表达式进行化简或变换。

(3) 选定集成芯片（根据电路的具体要求和芯片的资源情况而定）。

(4) 根据逻辑表达式画逻辑电路图。

(5) 用选定的芯片按图连线，验证其设计功能。

### 三、实验设备与元器件

(1) 数字电子技术实验箱　　　1 台
(2) 集成芯片
74LS00　　四 2 输入与非门　　1 片
74LS20　　双 4 输入与非门　　1 片
74LS138　　3 线-8 线译码器　　1 片

### 四、注意事项

(1) 74LS20 的 3 引脚和 11 引脚是两个无用端（NC）。

(2) 74LS138 有 3 个控制端，只有当 S1＝1，且 $\overline{S}2＋\overline{S}3＝0$ 时，译码器才能正常工作；否则译码器输出端全部是高电平。

### 五、预习要求

(1) 熟悉与实验相关的芯片的功能及引脚图。

(2) 复习组合逻辑电路的设计步骤，按要求设计出逻辑电路。

(3) 写出预习报告。

### 六、实验内容及步骤

1. 设计三变量一致电路

要求设计一个三变量一致电路：当三变量一致时，电路输出为 1；当三变量不一致时，电路输出为 0。设计步骤如下：

(1) 根据题意设 A、B、C 为输入变量，Y 为输出变量，列出逻辑状态表见表 5-11。

(2) 由逻辑状态表写出逻辑表达式，并将逻辑表达式转化为现有的集成芯片实现的形式。

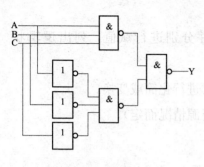

图 5-10 逻辑电路图

（3）根据逻辑表达式画出逻辑电路图，如图 5-10 所示。

（4）按图连线，验证其设计功能。

2. 用与非门设计一位半加器

（1）设 A 和 B 分别为被加数和加数，S 为本位和，C 为向高位的进位，列出逻辑状态表见表 5-12。

（2）由逻辑状态表写出逻辑表达式。

（3）将逻辑表达式转化为用与非门实现的形式，画出逻辑电路图。

（4）按图连线，验证其设计功能。

表 5-11 　　　　　　　　　　逻辑状态表

| A | B | C | Y |
|---|---|---|---|
| 0 | 0 | 0 | 1 |
| 0 | 0 | 1 | 0 |
| 0 | 1 | 0 | 0 |
| 0 | 1 | 1 | 0 |
| 1 | 0 | 0 | 0 |
| 1 | 0 | 1 | 0 |
| 1 | 1 | 0 | 0 |
| 1 | 1 | 1 | 1 |

表 5-12 　　　　　　　　　　半加器的逻辑状态表

| A | B | C | S |
|---|---|---|---|
| 0 | 0 | 0 | 0 |
| 0 | 1 | 0 | 1 |
| 1 | 0 | 0 | 1 |
| 1 | 1 | 1 | 1 |

3. 用 74LS138 和与非门设计一位全加器

（1）设 $A_i$ 和 $B_i$ 分别为被加数和加数，$C_{i-1}$ 为低位来的进位，$S_i$ 为本位和，$C_i$ 为向高位的进位，列出逻辑状态表见表 5-13。

表 5 - 13 　　　　　　　　　　　　全加器的逻辑状态表

| $A_i$ | $B_i$ | $C_{i-1}$ | $C_i$ | $S_i$ |
|---|---|---|---|---|
| 0 | 0 | 0 | 0 | 0 |
| 0 | 0 | 1 | 0 | 1 |
| 0 | 1 | 0 | 0 | 1 |
| 0 | 1 | 1 | 1 | 0 |
| 1 | 0 | 0 | 0 | 1 |
| 1 | 0 | 1 | 1 | 0 |
| 1 | 1 | 0 | 1 | 0 |
| 1 | 1 | 1 | 1 | 1 |

(2) 由逻辑状态表写出逻辑表达式。

(3) 将逻辑表达式转化为用 74LS138 和与非门实现的形式，画出逻辑电路图。

(4) 按图连线，验证其设计功能。

**七、思考题**

(1) 组合逻辑电路的设计有哪几步？

(2) 设计过程中遇到了什么问题，是如何解决的？

**八、实验报告要求**

(1) 简述 74LS138 的逻辑功能，写出其逻辑表达式。

(2) 列出所设计电路的逻辑状态表，写出逻辑表达式，画出逻辑电路图。

## 5.4　触发器的功能测试及应用

**一、实验目的**

(1) 掌握基本 RS 触发器、D 触发器和 JK 触发器的逻辑功能及测试方法。

(2) 掌握触发器之间的功能转换方法。

**二、实验原理**

触发器具有两个稳定的状态，在一定的外加信号作用下可以由一种稳定状态转变为另一稳定状态。无外加信号作用时将维持原状态不变。触发器是一种具有记忆功能的二进制存储单元，是构成各种时序电路的基本逻辑单元。

1. 基本 RS 触发器

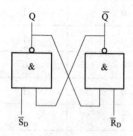

图 5-11　基本 RS 触发器

基本 RS 触发器的逻辑电路如图 5-11 所示，其逻辑功能如下：

1）当 $\overline{S}_D=1$，$\overline{R}_D=1$ 时，触发器保持原状态不变。

2）当 $\overline{S}_D=1$，$\overline{R}_D=0$ 时，触发器处于 0 状态。

3）当 $\overline{S}_D=0$，$\overline{R}_D=1$ 时，触发器处于 1 状态。

注意：$\overline{S}_D=0$，$\overline{R}_D=0$ 的输入状态是禁止的。

2. D 触发器

D 触发器的逻辑符号如图 5-12 所示，可用它构成寄存器、计数器。其特性方程为

$$Q^{n+1}=D\text{（CP 脉冲上升沿有效）}$$

D 触发器的型号很多，常见的 TTL 型有 74LS74、74LS75 等，CMOS 型有 CD4013、CD4042 等。本实验采用维持阻塞双 D 触发器 74LS74。其中 $\overline{R}_D$ 为异步置"0"端，$\overline{S}_D$ 为异步置"1"端，D 为输入端，CP 为时钟脉冲端，Q 和 $\overline{Q}$ 为输出端。

3. JK 触发器

JK 触发器的逻辑符号如图 5-13 所示，可用于构成寄存器、计数器。常见的 TTL 型 JK 触发器有 74LS73、74LS76、74LS112 等，CMOS 型有 CD4027 等。其中 $\overline{R}_D$ 为异步置"0"端，$\overline{S}_D$ 为异步置"1"端，J、K 为输入端，CP 为时钟脉冲端，Q 和 $\overline{Q}$ 为输出端。

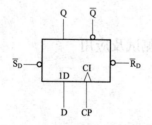

图 5-12　D 触发器的逻辑符号

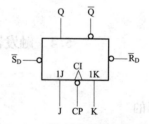

图 5-13　JK 触发器的逻辑符号

当 $\overline{R}_D=1$，$\overline{S}_D=0$ 时，无论 J、K 及 CP 为何值，输出 $Q=1$；当 $\overline{R}_D=0$，$\overline{S}_D=1$ 时，无论 J、K 及 CP 为何值，输出 $Q=0$。

当 $\overline{R}_D=\overline{S}_D=1$ 时，触发器的工作状态如下：

（1）当 $J=K=0$ 时，触发器保持原状态。

（2）当 J=0、K=1 时，在 CP 脉冲的下降沿 Q=0，即触发器置"0"。

（3）当 J=1、K=0 时，在 CP 脉冲的下降沿 Q=1，即触发器置"1"。

（4）当 J=K=1 时，在 CP 脉冲的下降沿触发器翻转。

4. T 触发器和 T′ 触发器

T 触发器可看成是 JK 触发器在 J=K 条件下的特例，它只有一个输入端 T。当 T=0 时，触发器保持原状态；当 T=1 时，触发器翻转。

当 T 触发器的输入端接固定高电平（即 T 恒为 1 时），在 CP 脉冲作用后触发器翻转，就构成了 T′ 触发器。

### 三、实验设备与元器件

| （1）数字电子技术实验箱 | 1 台 |
| --- | --- |

（2）集成芯片

| 74LS00 四 2 输入与非门 | 1 片 |
| --- | --- |
| 74LS74 双 D 型上升沿触发器 | 1 片 |
| 74LS112 双 JK 型下降沿触发器 | 1 片 |

### 四、注意事项

（1）基本 RS 触发器工作时不需要时钟信号。74LS74 双 D 型触发器在时钟脉冲的上升沿触发。74LS112 双 JK 型触发器在时钟脉冲的下降沿触发。

（2）带有时钟控制的触发器正常工作时，异步复位端 $\overline{R}_D$ 和异步置位端 $\overline{S}_D$ 应接高电平。

### 五、预习要求

（1）复习各触发器的逻辑功能。

（2）复习触发器的功能转换方法。

（3）熟悉与实验有关的芯片的功能及引脚图。

（4）写出预习报告。

### 六、实验内容及步骤

1. 由 TTL 与非门构成基本 RS 触发器

（1）电路如图 5-11 所示。使用 74LS00 中的两个与非门构成基本 RS 触发器。

（2）按表 5-14 给定 $\overline{R}_D$ 和 $\overline{S}_D$ 各组状态，测试 Q 和 $\overline{Q}$ 的结果，分析触发器功能。

表 5 – 14 　　　　　　　　　　基本 RS 触发器的逻辑状态表

| $\overline{S}_D$ | $\overline{R}_D$ | Q | $\overline{Q}$ | 功能 |
|---|---|---|---|---|
| 0 | 0 | | | |
| 0 | 1 | | | |
| 1 | 0 | | | |
| 1 | 1 | | | |

2. 集成 D 触发器逻辑功能测试

(1) 在数字实验箱上找到 74LS74，从中选一个 D 触发器。将其 $\overline{R}_D$、$\overline{S}_D$ 和 D 分别接 "数据开关"，时钟脉冲 CP 接 "逻辑开关"，Q 和 $\overline{Q}$ 分别接 "电平指示"。

(2) 检查接线无误后，分别给定 $\overline{R}_D$、$\overline{S}_D$、D 和 CP 各种输入状态，测试 Q 和 $\overline{Q}$ 的结果，完成表 5 – 15。

表 5 – 15 　　　　　　　　　　D 触发器的逻辑状态表

| $\overline{S}_D$ | $\overline{R}_D$ | CP | D | Q | $\overline{Q}$ | 功能 |
|---|---|---|---|---|---|---|
| 0 | 0 | × | × | | | |
| 0 | 1 | × | × | | | |
| 1 | 0 | × | × | | | |
| 1 | 1 | ⌐ | 1 | | | |
| 1 | 1 | ⌐ | 0 | | | |

3. 集成 JK 触发器逻辑功能测试

(1) 在数字实验箱上找到 74LS112，从中选一个 JK 触发器。将其 $\overline{R}_D$、$\overline{S}_D$、J 和 K 分别接 "数据开关"，时钟脉冲 CP 接 "逻辑开关"，Q 和 $\overline{Q}$ 分别接 "电平指示"。

(2) 检查接线无误后，分别给定 $\overline{R}_D$、$\overline{S}_D$、J、K 和 CP 各种输入状态，测试 Q 和 $\overline{Q}$ 的结果，完成表 5 – 16。

表 5 – 16 　　　　　　　　　　JK 触发器的逻辑状态表

| $\overline{S}_D$ | $\overline{R}_D$ | CP | J | K | Q | $\overline{Q}$ | 功能 |
|---|---|---|---|---|---|---|---|
| 0 | 0 | × | × | × | | | |
| 0 | 1 | × | × | × | | | |
| 1 | 0 | × | × | × | | | |
| 1 | 1 | ⌐ | 0 | 0 | | | |

| $\overline{S}_D$ | $\overline{R}_D$ | CP | J | K | Q | $\overline{Q}$ | 功能 |
|---|---|---|---|---|---|---|---|
| 1 | 1 | ⌐↓ | 0 | 1 | | | |
| 1 | 1 | ⌐↓ | 1 | 0 | | | |
| 1 | 1 | ⌐↓ | 1 | 1 | | | |

4. 触发器逻辑功能的转换

（1）将 JK 触发器转换成 T 触发器。电路如图 5-14
所示，将 JK 触发器的两个输入端连在一起作为 T 输入
端。$\overline{R}_D$、$\overline{S}_D$ 和 T 接"数据开关"，时钟脉冲 CP 接"逻
辑开关"，Q 和 $\overline{Q}$ 分别接"电平指示"。根据给定 $\overline{R}_D$、
$\overline{S}_D$、T 和 CP 各种输入状态，测试 Q 和 $\overline{Q}$ 的结果，完
成表 5-17。

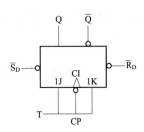

图 5-14　T 触发器

表 5-17　　　　　　　　　　　　　T 触发器的逻辑状态表

| $\overline{S}_D$ | $\overline{R}_D$ | CP | T | Q | $\overline{Q}$ | 功能 |
|---|---|---|---|---|---|---|
| 0 | 0 | × | × | | | |
| 0 | 1 | × | × | | | |
| 1 | 0 | × | × | | | |
| 1 | 1 | ⌐↓ | 1 | | | |
| 1 | 1 | ⌐↓ | 0 | | | |

（2）将 D 触发器转换成 T′触发器。电路如图 5-14 所示，$\overline{R}_D$ 和 $\overline{S}_D$ 接高电平"1"，
CP 接"逻辑开关"，Q 和 $\overline{Q}$ 分别接"电平指示"，完成图 5-16。

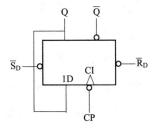

图 5-15　T′触发器

图 5-16　T′触发器的波形

### 七、思考题

（1）触发器的异步置位端和异步复位端与其他输入信号有什么关系？
（2）RS 触发器、JK 触发器、D 触发器和 T 触发器各有什么功能？

### 八、实验报告要求

（1）整理实验数据，画出测试波形图，分析实验结果，与理论值比较是否相符。
（2）总结触发器的测试方法。

## 5.5　集成同步计数器的功能测试及应用电路设计

### 一、实验目的

（1）掌握中规模集成同步计数器 74LS161 的逻辑功能和使用方法。
（2）学习 CD4511 译码器、共阴极数码显示器的使用方法。

### 二、实验原理

　　计数器是一种累计脉冲数目的逻辑部件，它是应用最广的一种典型时序逻辑电路。计数器不仅能用于对时钟脉冲计数，还可以用于分频、定时、产生节拍脉冲和脉冲序列以及进行数字运算等。

　　计数器的种类很多。根据计数器中各个触发器翻转的先后次序来分，可分为同步计数器和异步计数器；按计数过程中数字的增减来分，可分为加法计数器、减法计数器和可逆计数器。按计数器中计数长度来分，可分为二进制计数器、十进制计数器、$N$ 进制计数器等。

　　计数器可由触发器构成，但常用的计数器为中规模集成计数器。生产厂家定型的集成计数器产品在计数进制上只做成应用较广的几种类型，如十进制、十六进制等。当需要其他任意一种进制的计数器时，可以用已有的计数器产品外加适当的电路连接而成。用 $M$ 进制集成计数器构成 $N$ 进制计数器时，如果 $M>N$，则只需要一个 $M$ 进制集成计数器；如果 $M<N$，则只需要多个 $M$ 进制集成计数器来构成。常用的外电路连接方法是反馈法，其中又分为反馈清零法（或称反馈复位法）和反馈置数法（或称反馈置位法）。

### 三、实验设备与元器件

(1) 数字电子技术实验箱　　　　　1台
(2) 集成芯片

| 74LS00 | 四2输入与非门 | 1片 |
|---|---|---|
| 74LS161 | 4位二进制同步计数器 | 1片 |
| CD4511 | BCD七段译码器 | 1片 |
| LED | 共阴数码显示器 | 1片 |

### 四、注意事项

(1) 74LS161是同步十六进制加法计数器，在时钟脉冲的上升沿触发。
(2) 用置数法和清零法设计 $N$ 进制计数器的区别。

### 五、预习要求

(1) 复习74LS161的逻辑功能和使用方法，熟悉译码器和显示器的有关内容。
(2) 熟悉集成计数器的进制转换。
(3) 熟悉与实验相关的芯片的功能及引脚图。
(4) 根据选用的逻辑器件，按照实验任务设计电路，画出逻辑电路图。

### 六、实验内容与步骤

1. 74LS161的逻辑功能测试

74LS161是中规模集成同步4位二进制加法计数器，具有异步清零、同步预置数、数据保持和计数等功能。用74LS161通过反馈清零法和反馈置数法可以实现任意进制的计数器。

按74LS161的引脚图接线，检查无误后接通电源，填表5-18。

表 5-18　　　　　　　　　　**74LS161的逻辑功能表**

| 清零 | 预置 | 使能 | | 时钟 | 预置数据输入 | | | | 输出 | | | | 工作状态 |
|---|---|---|---|---|---|---|---|---|---|---|---|---|---|
| $\overline{R_D}$ | $\overline{LD}$ | EP | ET | CP | D3 | D2 | D1 | D0 | Q3 | Q2 | Q1 | Q0 | |
| 0 | × | × | × | × | × | × | × | × | | | | | |
| 1 | 0 | × | × | ⌐_ | d3 | d2 | d1 | d0 | | | | | |
| 1 | 1 | 0 | 1 | × | × | × | × | × | | | | | |

| 清零 | 预置 | 使能 | | 时钟 | 预置数据输入 | | | | 输出 | | | | 工作状态 |
|---|---|---|---|---|---|---|---|---|---|---|---|---|---|
| $\overline{R_D}$ | $\overline{LD}$ | EP | ET | CP | D3 | D2 | D1 | D0 | Q3 | Q2 | Q1 | Q0 | |
| 1 | 1 | × | 0 | × | × | × | × | × | | | | | |
| 1 | 1 | 1 | 1 | ⌐ | × | × | × | × | | | | | |

2. 74LS161 的应用电路设计

（1）用反馈置数法设计十进制计数器。设计要求如下：

用一片 74LS161 和与非门设计一位十进制加法计数器，实现 0～9 的计数循环。用发光二极管显示二进制输出结果，并用译码器和显示器显示十进制计数结果。要求画出逻辑电路图，填写表 5 - 19。

**表 5 - 19　　　　　　　　　　逻辑状态表**

| 计数脉冲 CP | 二进制数 | | | | 十进制数 |
|---|---|---|---|---|---|
| | Q3 | Q2 | Q1 | Q0 | |
| 0 | | | | | |
| 1 | | | | | |
| 2 | | | | | |
| 3 | | | | | |
| 4 | | | | | |
| 5 | | | | | |
| 6 | | | | | |
| 7 | | | | | |
| 8 | | | | | |
| 9 | | | | | |
| 10 | | | | | |

（2）用反馈清零法设计八进制计数器。设计要求如下：

用一片 74LS161 和与非门设计一位八进制加法计数器，实现 0～7 的计数循环。用发光二极管显示二进制输出结果，并用译码器和显示器显示八进制计数结果。要求画出逻辑电路图，自拟表格将计数结果记录下来。

## 七、思考题

（1）总结用 74LS161 构成 $N$ 进制计数器的设计方法。

（2）实验过程中都遇到了哪些问题，是如何解决的？

## 八、实验报告要求

（1）整理实验数据，分析测试结果，与理论值比较是否相符。

（2）画出用置数法设计的十进制计数器的逻辑电路图，将计数结果记入表格中。

（3）画出用清零法设计的八进制计数器的逻辑电路图，自拟表格将计数结果记录下来。

# 附　录

## 附录A　Y系列三相异步电动机的主要技术数据

| 型号 | 额定功率（kW） | 满载时 | | | | | | |
|---|---|---|---|---|---|---|---|---|
| | | 电流（A） | 效率（%） | 功率因数（cos φ） | 转速（r/min） | 起动电流与额定电流之比 | 起动转矩与额定转矩之比 | 最大转矩与额定转矩之比 |
| 同步转速　3000r/min（2极） | | | | | | | | |
| Y801-2 | 0.75 | 1.9 | 75 | 0.84 | 2830 | 7 | 2.2 | 2.2 |
| Y802-2 | 1.1 | 2.6 | 77 | 0.86 | 2830 | 7 | 2.2 | 2.2 |
| Y90S-2 | 1.5 | 3.4 | 78 | 0.85 | 2840 | 7 | 2.2 | 2.2 |
| Y90L-2 | 2.2 | 4.7 | 82 | 0.87 | 2840 | 7 | 2.2 | 2.2 |
| Y100L-2 | 3 | 6.4 | 82 | 0.87 | 2880 | 7 | 2.2 | 2.2 |
| Y112M-2 | 4 | 8.2 | 85.5 | 0.87 | 2890 | 7 | 2.2 | 2.2 |
| Y132S1-2 | 5.5 | 11.1 | 85.5 | 0.88 | 2900 | 7 | 2.0 | 2.2 |
| Y132S2-2 | 7.5 | 15.0 | 86.2 | 0.88 | 2900 | 7 | 2.0 | 2.2 |
| Y160M1-2 | 11 | 21.8 | 87.2 | 0.88 | 2930 | 7 | 2.0 | 2.2 |
| Y160M2-2 | 15 | 29.4 | 88.2 | 0.88 | 2930 | 7 | 2.0 | 2.2 |
| Y160L-2 | 18.5 | 35.5 | 89 | 0.89 | 2930 | 7 | 2.0 | 2.2 |
| Y180M-2 | 22 | 42.2 | 89 | 0.89 | 2945 | 7 | 2.0 | 2.2 |
| Y200L1-2 | 30 | 56.9 | 90 | 0.89 | 2955 | 7 | 2.0 | 2.2 |
| Y200L2-2 | 37 | 69.8 | 90.5 | 0.89 | 2955 | 7 | 2.0 | 2.2 |
| Y225M-2 | 45 | 83.9 | 91.5 | 0.89 | 2970 | 7 | 2.0 | 2.2 |
| Y250M-2 | 55 | 102.7 | 91.5 | 0.89 | 2970 | 7 | 2.0 | 2.2 |
| Y280S-2 | 75 | 140.1 | 91.5 | 0.89 | 2980 | 7 | 2.0 | 2.2 |
| Y280M-2 | 90 | 167 | 92 | 0.89 | 2980 | 7 | 2.0 | 2.2 |

| 型号 | 额定功率（kW） | 满载时 | | | | | | |
|---|---|---|---|---|---|---|---|---|
| | | 电流（A） | 效率（%） | 功率因数（cos φ） | 转速（r/min） | 起动电流与额定电流之比 | 起动转矩与额定转矩之比 | 最大转矩与额定转矩之比 |
| 同步转速 1500r／min（4 极） | | | | | | | | |
| Y801-4 | 0.55 | 1.5 | 73 | 0.76 | 1390 | 6.5 | 2.2 | 2.2 |
| Y802-4 | 0.75 | 2.0 | 74.5 | 0.76 | 1390 | 6.5 | 2.2 | 2.2 |
| Y90S-4 | 1.1 | 2.7 | 78 | 0.78 | 1400 | 6.5 | 2.2 | 2.2 |
| Y90L-4 | 1.5 | 3.7 | 79 | 0.79 | 1400 | 6.5 | 2.2 | 2.2 |
| Y100L1-4 | 2.2 | 5.0 | 81 | 0.82 | 1420 | 7 | 2.2 | 2.2 |
| Y100L2-4 | 3 | 6.8 | 82.5 | 0.81 | 1420 | 7 | 2.2 | 2.2 |
| Y112M-4 | 4 | 8.8 | 84.5 | 0.82 | 1440 | 7 | 2.2 | 2.2 |
| Y132S-4 | 5.5 | 11.6 | 85.5 | 0.84 | 1440 | 7 | 2.2 | 2.2 |
| Y132M-4 | 7.5 | 15.4 | 87 | 0.85 | 1440 | 7 | 2.2 | 2.2 |
| Y160M-4 | 11 | 22.6 | 88 | 0.84 | 1460 | 7 | 2.2 | 2.2 |
| Y160L-4 | 15 | 30.3 | 88.5 | 0.85 | 1460 | 7 | 2.0 | 2.2 |
| Y180M-4 | 18.5 | 35.9 | 91 | 0.86 | 1470 | 7 | 2.0 | 2.2 |
| Y180L-4 | 22 | 42.5 | 91.5 | 0.86 | 1470 | 7 | 2.0 | 2.2 |
| Y200L-4 | 30 | 56.8 | 92.2 | 0.87 | 1470 | 7 | 2.0 | 2.2 |
| Y225S-4 | 37 | 69.8 | 91.8 | 0.87 | 1480 | 7 | 1.9 | 2.2 |
| Y225M-4 | 45 | 84.2 | 92.5 | 0.88 | 1480 | 7 | 1.9 | 2.2 |
| Y250M-4 | 55 | 102.5 | 92.6 | 0.88 | 1480 | 7 | 1.9 | 2.2 |
| Y280S-4 | 75 | 139.7 | 92.7 | 0.88 | 1485 | 7 | 1.9 | 2.2 |
| Y280M-4 | 90 | 164.3 | 93.4 | 0.89 | 1485 | 7 | 1.9 | 2.2 |
| 同步转速 1000r／min（6 极） | | | | | | | | |
| Y90S-6 | 0.75 | 2.3 | 72.5 | 0.70 | 925 | 6 | 2 | 2 |
| Y90L-6 | 1.1 | 3.2 | 73.5 | 0.72 | 925 | 6 | 2 | 2 |
| Y100L-6 | 1.5 | 4 | 77.5 | 0.74 | 940 | 6 | 2 | 2 |

续表

| 型号 | 额定功率（kW） | 满 载 时 | | | | | | |
|---|---|---|---|---|---|---|---|---|
| | | 电流（A） | 效率（%） | 功率因数（cos $\varphi$） | 转速（r/min） | 起动电流与额定电流之比 | 起动转矩与额定转矩之比 | 最大转矩与额定转矩之比 |
| 同步转速 1000r／min（6极） | | | | | | | | |
| Y112M‑6 | 2.2 | 5.6 | 80.5 | 0.74 | 940 | 6 | 2.2 | 2.2 |
| Y132S‑6 | 3 | 7.2 | 83 | 0.76 | 960 | 6.5 | 2 | 2 |
| Y132M1‑6 | 4 | 9.4 | 84 | 0.77 | 960 | 6.5 | 2 | 2 |
| Y132M2‑6 | 5.5 | 12.6 | 85.3 | 0.78 | 960 | 6.5 | 2 | 2 |
| Y160M‑6 | 7.5 | 17.0 | 86 | 0.78 | 970 | 6.5 | 2 | 2 |
| Y160L‑6 | 11 | 24.6 | 87 | 0.78 | 970 | 6.5 | 2 | 2 |
| Y180L‑6 | 15 | 31.6 | 89.5 | 0.81 | 980 | 6.5 | 1.8 | 2 |
| Y200L1‑6 | 18.5 | 37.7 | 89.8 | 0.83 | 980 | 6.5 | 1.8 | 2 |
| Y200L2‑6 | 22 | 44.6 | 90.2 | 0.83 | 980 | 6.5 | 1.8 | 2 |
| Y225M‑6 | 30 | 59.5 | 90.2 | 0.85 | 980 | 6.6 | 1.7 | 2 |
| Y250M‑6 | 37 | 72 | 90.8 | 0.86 | 985 | 6.5 | 1.8 | 2 |
| Y280S‑6 | 45 | 85.4 | 92 | 0.87 | 985 | 6.5 | 1.8 | 2 |
| Y280M‑6 | 55 | 104.9 | 92 | 0.87 | 985 | 6.5 | 1.8 | 2 |
| 同步转速 750r/min（8极） | | | | | | | | |
| Y132S‑8 | 2.2 | 5.8 | 81 | 0.71 | 710 | 5.5 | 2 | 2 |
| Y132M‑8 | 3 | 7.7 | 82 | 0.72 | 710 | 5.5 | 2 | 2 |
| Y160M1‑8 | 4 | 9.9 | 84 | 0.73 | 720 | 6 | 2 | 2 |
| Y160M2‑8 | 5.5 | 13.3 | 85 | 0.74 | 720 | 6 | 2 | 2 |
| Y160L‑8 | 7.5 | 17.7 | 86 | 0.75 | 720 | 5.5 | 2 | 2 |
| Y180L‑8 | 11 | 25.1 | 86.5 | 0.77 | 730 | 6 | 1.7 | 2 |
| Y200L‑8 | 15 | 34.1 | 88 | 0.76 | 730 | 8 | 1.8 | 2 |
| Y225S‑8 | 18.5 | 41.3 | 89.5 | 0.76 | 735 | 6 | 1.7 | 2 |
| Y225M‑8 | 22 | 47.6 | 90 | 0.78 | 735 | 6 | 1.8 | 2 |

续表

| 型号 | 额定功率（kW） | 满载时 | | | | | | |
|---|---|---|---|---|---|---|---|---|
| | | 电流（A） | 效率（%） | 功率因数（cos φ） | 转速（r/min） | 起动电流与额定电流之比 | 起动转矩与额定转矩之比 | 最大转矩与额定转矩之比 |
| 同步转速 750r/min（8 极） | | | | | | | | |
| Y250M-8 | 30 | 63 | 90.5 | 0.8 | 740 | 6 | 1.8 | 2 |
| Y280S-8 | 37 | 78.7 | 91 | 0.79 | 740 | 6 | 1.8 | 2 |
| Y280M-8 | 45 | 93.2 | 91.7 | 0.80 | 740 | 6 | 1.8 | 2 |

注　1. 电动机的定额是以连续工作制为基准的连续定额。

2. 额定电压都是 380V、50Hz。

3. 功率在 3kW 及以下电动机为星形接法，其他功率等级电动机都是三角形接法。

4. 满载时的电流和转速都是参考数据。

5. 型号意义：举例

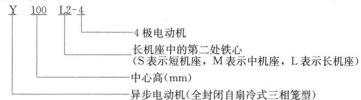

Y　100　L2-4

4 极电动机

长机座中的第二处铁心
（S 表示短机座，M 表示中机座，L 表示长机座）

中心高（mm）

异步电动机（全封闭自扇冷式三相笼型）

# 附录 B　常用交流接触器、熔断器、热继电器的主要技术数据

**表 B-1**　　　　　　　　　　　**CJ20 系列交流接触器技术数据**

| 型号 | 额定绝缘电压（V） | 额定工作电流（A） | 额定发热电流（A） | 继续周期工作制下的额定工作电流（A） | AC3 类工作制下的控制功率（kW） | 在额定负载下额定操作频率（次·h⁻¹） | | | 吸引线圈动作性 | |
|---|---|---|---|---|---|---|---|---|---|---|
| | | | | | | AC2 | AC3 | AC4 | 吸合电压 | 释放电压 |
| CJ20-6.3 | 660 | 220<br>380<br>660 | 6.3 | 6.3<br>6.3<br>3.6 | 1.7<br>3<br>3 | 300<br>120 | 1200<br>600 | 300<br>120 | 85%～110%额定电压下，可靠吸合（煤矿用产品下限留有 10%的裕量） | <70%额定电压可靠释放（煤矿用产品为 65%），不低于 10%的裕量 |
| CJ20-10 | | 220<br>380<br>660 | 10 | 10 | 2.2<br>4<br>7.5 | 300<br>120 | 1200<br>600 | 300<br>120 | | |
| CJ20-16 | | 220<br>380<br>660 | 16 | 16<br>16<br>13.5 | 4.5<br>7.5<br>11 | 300<br>120 | 1200<br>600 | 300<br>120 | | |
| CJ20-25 | | 220<br>380<br>660 | 32 | 25<br>25<br>16 | 5.5<br>11<br>13 | 300<br>120 | 1200<br>600 | 300<br>120 | | |

**表 B-2**　　　　　　　　　　　**RL1 和 RC1 型熔断器技术数据**

| 型号 | 熔断器额定电流（A） | 熔体额定电流等级（A） | 交流 380V 极限分断能力（A） |
|---|---|---|---|
| RL1-15 | 15 | 2，4，5，6，10，15 | 2000 |
| RL1-60 | 60 | 20，25，30，35，40，50，60 | 5000 |
| RL1-100 | 100 | 60，80，100 | 5000 |
| RC1-10 | 10 | 1，4，6，10 | 500 |
| RC1-15 | 15 | 6，10，15 | 500 |
| RC1-60 | 60 | 40，50，60 | 1500 |
| RC1-100 | 100 | 80，100 | 1500 |
| RC1-200 | 200 | 120，150，200 | 3000 |

**表 B - 3**　　　　　　　　　　**JR - 15 系列热继电器技术数据**

| 型号 | 发热元件额定电流（A） | 热元件（双金属片）等级 | | | 动作特性 |
|---|---|---|---|---|---|
| | | 编号 | 热元件额定电流（A） | 电流调节范围（A） | |
| JR15 - 10 | 10 | 6 | 2.4 | 1.5～2.0～2.4 | |
| | | 7 | 3.5 | 2.2～2.8～3.5 | |
| | | 8 | 5 | 3.2～4.0～5.0 | |
| | | 9 | 7.2 | 4.5～6.0～7.0 | |
| | | 10 | 11.0 | 6.8～9.0～11.0 | 通过电流为整定值的100％时，长期不动作 通过电流为整定值的120％时，从热状态开始20min 后动作，冷态开始通过电流整定值的 600％时，其动作时间大于 5s |
| JR15 - 20 | 20 | 11 | 11.0 | 6.8～9.0～11.0 | |
| | | 12 | 16 | 10～13～16 | |
| | | 13 | 24.0 | 15～20～24 | |
| JR15 - 60 | 60 | 14 | 24.0 | 15～20～24 | |
| | | 15 | 35.0 | 20～28～35 | |
| | | 16 | 50.0 | 32～40～50 | |
| | | 17 | 72.0 | 45～60～70 | |
| JR15 - 150 | 150 | 18 | 72.0 | 45～60～70 | |
| | | 19 | 110 | 68～90～110 | |
| | | 20 | 150 | 100～125～150 | |

# 附录 C　主要元器件的基本识别及型号命名

## 一、电阻器

电阻器是电路元件中应用最广泛的一种元器件，在电子设备中约占元器件总数的 30％以上，其质量的好坏对电路工作的稳定性有极大影响。它的主要用途是稳定和调节电路中的电流和电压，其次还作为分流器、分压器和负载使用。

电阻器有固定式电阻器和可变电阻器。固定式电阻器按制作材料和工艺不同，可分为膜式电阻（碳膜 RT、金属膜 RJ、合成膜 RH 和氧化膜 RY）、金属线绕电阻（RX）和特殊电阻（如光敏电阻、热敏电阻等）。

电位器是一种具有三个端子的可变电阻器，其阻值在一定范围内连续可调，按材料和制作工艺可分为膜式和线绕式等，按调节方式可分为旋转式和直滑式等。

1. 主要性能指标

（1）额定功率。在规定的环境温度和湿度下，假定周围空气不流通，电阻器长期通电而不损坏或基本不改变性能所允许消耗的最大功率称为额定功率。为保证安全使用，一般选其额定功率比它在电路中消耗的功率高 1～2 倍。额定功率分 19 个等级，常用的有 0.05、0.125、0.25、0.5、1、2、3、5、7W 和 10W 等。

（2）标称阻值及允许误差等级。标称阻值是指电阻器产品上标示的电阻值，其单位为 Ω（欧）、kΩ（千欧）、MΩ（兆欧）。固定电阻器的标称阻值应符合表 C-1 中所列数值乘以 $10^n$，其中 $n$ 为整数。

表 C-1　　　　　　　　　　　　　　标　称　阻　值

| 允许误差 | 系列代号 | 标称阻值（Ω） |
|---|---|---|
| 5％ | E24 | 1.0　1.1　1.2　1.3　1.5　1.6　1.8　2.0　2.2　2.4　2.7　3.0<br>3.3　3.6　3.9　4.3　4.7　5.1　5.6　6.2　6.8　7.5　8.2　9.1 |
| 10％ | E12 | 1.0　1.2　1.5　1.8　2.2　2.7　3.3　3.9　4.7　5.6　6.8　8.2 |
| 20％ | E6 | 1.0　1.5　2.2　3.3　4.7　6.8 |

允许误差是指电阻器的实际阻值对于标称阻值的最大允许偏差范围，它表示产品的精密度。允许误差的等级见表 C-2。

表 C - 2　　　　　　　　　　　　　　　允许误差等级

| 级别 | 005 | 01 | 02 | Ⅰ | Ⅱ | Ⅲ |
|---|---|---|---|---|---|---|
| 允许误差 | 0.5% | 1% | 2% | 5% | 10% | 20% |

电阻器除以上性能指标外，还有最高工作电压、最高工作温度等指标。

2. 电阻器和电位器的型号命名

电阻器、电位器的型号命名由四部分组成，第一部分为主称，第二部分为材料，第三部分为特征分类，第四部分为序号。各部分字母或数字的意义见表 C - 3。

表 C - 3　　　　　　　　　　　　　　电阻器的型号命名方法

| 第一部分：主称 | | 第二部分：材料 | | 第三部分：特征分类 | | | 第四部分：序号 |
|---|---|---|---|---|---|---|---|
| 符号 | 意义 | 符号 | 意义 | 符号 | 意义 | | |
| | | | | | 电阻器 | 电位器 | |
| R<br>RP | 电阻器<br>电位器 | T<br>P<br>U<br>C<br>H<br>I<br>J<br>Y<br>S<br>N<br>X<br>R<br>G<br>M | 碳膜<br>金属膜<br>合成膜<br>沉积膜<br>合成膜<br>玻璃釉膜<br>金属膜<br>氧化膜<br>有机实芯<br>无机实芯<br>线绕<br>热敏<br>光敏<br>压敏 | 1, 2<br>3<br>4<br>5<br>7<br>8<br>G<br>T<br>X<br>L<br>W<br>D | 普通<br>超高频<br>高阻<br>高温<br>精密<br>电阻器-高压<br>高功率<br>可调<br>小型<br>测量用<br>—<br>— | 普通<br>—<br>—<br>—<br>精密<br>特殊函数<br>—<br>—<br>—<br>—<br>微调<br>多圈 | 用数字表示。对主称、材料相同，仅性能指标、尺寸大小有差别，但基本不影响互换使用的产品，给予同一序号；若性能指标、尺寸大小明显影响互换时，则在序号后面用大写字母作为区别代号 |

如 RJ71 - 0.125 - 5.1k Ⅰ型的含义为：R——电阻器，J——金属膜，7——精密，1——序号；0.125——额定功率为 0.125W，5.1k——标称阻值为 5.1kΩ；Ⅰ——误差为 5%。

3. 电阻器阻值标注方式

(1) 文字符号直标法。用阿拉伯数字和文字符号两者有规律的组合来表示标称阻值。符号前面的数字表示整数阻值，后面的数字依次表示第一位小数阻值和第二位小数阻值，其文字符号表示单位。如 1R5 表示 1.5Ω，2K7 表示 2.7kΩ。

(2) 色标法。色标法是用特定的色环标注在电阻上，以表示阻值大小及误差。色标电阻（色环电阻）可分为三环、四环、五环三种标法，色环颜色所代表的数字或意义见表 C - 4。

表 C-4　　　　　　　　色环颜色所代表的数字或意义

| 色别 | 棕 | 红 | 橙 | 黄 | 绿 | 蓝 | 紫 | 灰 | 白 | 黑 | 金 | 银 | 无色 |
|---|---|---|---|---|---|---|---|---|---|---|---|---|---|
| 数字 | 1 | 2 | 3 | 4 | 5 | 6 | 7 | 8 | 9 | 0 | — | — | — |
| 乘数 | $10^1$ | $10^2$ | $10^3$ | $10^4$ | $10^5$ | $10^6$ | $10^7$ | $10^8$ | $10^9$ | $10^0$ | $10^{-1}$ | $10^{-2}$ | — |
| 误差 | ±1% | ±2% | — | — | ±0.5% | ±0.2% | ±0.1% | — | — | — | ±5% | ±10% | ±20% |

三色环电阻器的色环表示标称电阻值（允许误差均为±20%）。例如，色环为棕黑红，表示电阻器的电阻值为 $10\times10^2=1.0\text{k}\Omega$，误差为±20%。

四色环电阻器的色环表示标称值（二位有效数字）及精密度。例如，色环为棕绿橙金表示电阻器的电阻值为 $15\times10^3=15\text{k}\Omega$，误差为±5%。

五色环电阻器的色环表示标称值（三位有效数字）及精密度。例如，色环为红紫绿黄棕表示电阻器的电阻值为 $275\times10^4=2.75\text{M}\Omega$，误差为±1%。

一般四色环和五色环电阻器表示允许误差的色环的特点是该环离其他环的距离较远。较标准的表示应是表示允许误差的色环的宽度是其他色环的 1.5～2 倍。

## 二、电容器

电容器是由两个金属电极、中间夹有绝缘材料（介质）构成。电容器具有隔直流、通交流的作用，因此在电路中可用于级间耦合、滤波、去耦、旁路及信号调谐等。

电容器按结构可分为固定电容、可变电容、微调电容，按介质材料可分为气体介质电容、液体介质电容、无机固体介质电容、有机固体介质电容和电解电容等，按极性分为有极性电容和无极性电容。电解电容为有极性电容。

1. 主要参数

（1）容量及误差等级。电容器容量的标准单位是 F（法），此外还有 $\mu$F（微法）、pF（皮法）、nF（纳法）。我们看到的电容器的容量一般都以 $\mu$F、nF、pF 为单位。

不同单位之间的具体换算关系：$1\text{F}=10^6\mu\text{F}$，$1\mu\text{F}=10^3\text{nF}=10^6\text{pF}$。

常用电容的误差等级符号及允许误差见表 C-5。

表 C-5　　　　　常用电容的误差等级符号及允许误差

| 允许误差 | ±1% | ±2% | ±5% | ±10% | ±15% | ±20% |
|---|---|---|---|---|---|---|
| 误差等级符号 | F | G | J | K | L | M |

其中常用的允许误差等级为 J、K、M。

（2）耐压。每一个电容器都有它的耐压值。它是指电容长期、可靠工作时所能承受的最高电压，是电容器的重要参数之一。常用固定式电容器的直流工作电压系列为 6.3、10、16、25、40、63、100、160、250、400V 等。

2. 电容器参数的标注方法

(1) 直标法。在电容器上直接标出其电容量。

(2) 数字法。用三个数字表示容量，单位为 pF。前两位表示有效数字，第三位为 10 的多少次方。如一瓷片电容器参数标注为 104J，表示容量为 $10 \times 10^4$ pF $= 0.1\mu F$、误差为 $\pm 5\%$。

(3) 色标法。沿电容器引线方向，用不同的颜色表示不同的数字，第一、二环表示电容量的有效数字，第三种颜色表示有效数字后零的个数（单位为 pF），颜色的含义同电阻器的色标法。

电解电容器一般标有容量和正负极，也有的用引脚长短来区别正负极，长脚为正，短脚为负。

3. 电容的型号命名

国产电容器的型号一般由四部分组成（不适用于压敏、可变、真空电容器），依次分别代表主称、材料、特征分类和序号，各部分字母或数字代表的意义见表 C-6。

表 C-6　　　　　　　　　　国产电容器的型号命名

| 第一部分：主称 | | 第二部分：材料 | | 第三部分：特征分类 | | | | | | 第四部分：序号 |
|---|---|---|---|---|---|---|---|---|---|---|
| 符号 | 意义 | 符号 | 意义 | 符号 | 意义 | | | | | |
| | | | | | 瓷介 | 云母 | 玻璃 | 电解 | 其他 | |
| C | 电容器 | C | 瓷介 | 1 | 圆片 | 非密封 | — | 箔式 | 非密封 | 用数字表示。对主称、材料相同，仅性能指标、尺寸大小有差别，但基本不影响互换使用的产品，给予同一序号；若性能指标、尺寸大小明显影响互换时，则在序号后面用大写字母作为区别代号 |
| | | Y | 云母 | 2 | 管形 | 非密封 | — | 箔式 | 非密封 | |
| | | I | 玻璃釉 | 3 | 迭片 | 密封 | — | 烧结粉固体 | 密封 | |
| | | O | 玻璃膜 | 4 | 独石 | 密封 | — | 烧结粉固体 | 密封 | |
| | | Z | 纸介 | 5 | 穿心 | — | — | — | 穿心 | |
| | | J | 金属化纸 | 6 | 支柱 | — | — | — | — | |
| | | B | 聚苯乙烯 | 7 | — | — | — | 无极性 | — | |
| | | L | 涤纶 | 8 | 高压 | 高压 | — | — | 高压 | |
| | | Q | 漆膜 | 9 | 特殊 | — | — | 特殊 | 特殊 | |
| | | S | 聚碳酸酯 | J | 金属膜 | | | | | |
| | | H | 复合介质 | W | 微调 | | | | | |

续表

| 第一部分：主称 | | 第二部分：材料 | | 第三部分：特征分类 | | | | | | 第四部分：序号 |
|---|---|---|---|---|---|---|---|---|---|---|
| 符号 | 意义 | 符号 | 意义 | 符号 | 意义 | | | | | |
| | | | | | 瓷介 | 云母 | 玻璃 | 电解 | 其他 | |
| C | 电容器 | D | 铝 | | | | | | | 用数字表示。对主称、材料相同，仅性能指标、尺寸大小有差别，但基本不影响互换使用的产品，给予同一序号；若性能指标、尺寸大小明显影响互换时，则在序号后面用大写字母作为区别代号 |
| | | A | 钽 | | | | | | | |
| | | N | 铌 | | | | | | | |
| | | G | 合金 | | | | | | | |
| | | T | 钛 | | | | | | | |
| | | E | 其他 | | | | | | | |

如铝电解电容器的型号及其含义为

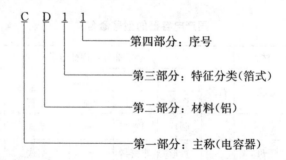

三、半导体器件

二极管具有单向导电性，可用于整流、检波、稳压、混频电路中。半导体二极管和三极管是组成分立元器件电子电路的核心器件。二极管具有单向导电性，可用于整流、检波、稳压、混频电路中。三极管对信号有放大作用和开关作用。

1. 半导体器件的命名

在半导体器件的管壳上都印有规格和型号。我国半导体器件型号命名法与各部分的符号及其意义见表 C-7。

**表 C-7**　　　　　　　　　　　　　　**国产半导体器件命名法**

| 第一部分 | 第二部分 | | 第三部分 | | | | 第四部分 | 第五部分 |
|---|---|---|---|---|---|---|---|---|
| 用数字表示器件的电极数 | 用字母表示材料和极性 | | 用字母表示器件的类型 | | | | 用数字表示序号 | 用字母表示规格号 |
| 符号 | 符号 | 意义 | 符号 | 意义 | 符号 | 意义 | 意义 | 意义 |
| 2　二极管 | A | N 型，锗材料 | P | 小信号 | D | 低频大功率管 ($f_a < 3\text{MHz}$ $P_c \geqslant 1\text{W}$) | 反映了极限参数、直流参数和交流参数等的差别 | 反映了承受反向击穿电压的程度。如规格号为 A、B、C、D…… 其中，A 承受的反向击穿电压最低，依此类推 |
| | B | P 型，锗材料 | V | 混频检波管 | | | | |
| | C | N 型，硅材料 | W | 电压调整管和电压基准管 | A | 高频大功率管 ($f_a \geqslant 3\text{MHz}$ $P_c \geqslant 1\text{W}$) | | |
| | D | P 型，硅材料 | C | 变容管 | | | | |
| 3　三极管 | A | PNP 型，锗材料 | Z | 整流管 | | | | |
| | B | NPN 型，锗材料 | L | 整流堆 | T | 闸流管 | | |
| | C | PNP 型，硅材料 | S | 隧道管 | Y | 体效应器件 | | |
| | D | NPN 型，硅材料 | N | 阻尼管 | B | 雪崩管 | | |
| | E | 化合物材料 | U | 光电器件 | J | 阶跃恢复管 | | |
| | | | K | 开关管 | CS | 场效应晶体管 | | |
| | | | X | 低频小功率管（截止频率 $f_a < 3\text{MHz}$，耗散功率 $P_c < 1\text{W}$） | BT | 特殊器件 | | |
| | | | | | FH | 复合管 | | |
| | | | | | PIN | PIN 型管 | | |
| | | | G | 高频小功率管（$f_a \geqslant 3\text{MHz}$，$P_c < 1\text{W}$） | JG | 激光器件 | | |

**注**　有些半导体器件（如场效应管、特殊器件、复合管、PIN 型管、激光器件等）的型号只有表中的第三、四、五部分。

如硅 NPN 型高频小功率三极管的型号及其含义为

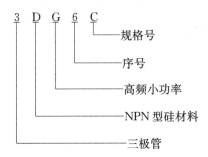

2. 二极管的识别

普通二极管一般分为玻璃封装和塑料封装两种。它们的外壳上均印有型号和标记。若标记为箭头，则箭头所指方向为阴极；若标记为色环，则色环端为阴极；若标记为色点，则色点端为阳极。

若遇到标记不清时，可借助万用表的欧姆挡做简单判别。具体测试方法如下：将万用表置于欧姆挡，分别用红表笔与黑表笔碰触二极管的两个极，测量一次二极管的电阻，然后将红、黑表笔交换再测一次电阻。若两次测量阻值相差很大，说明该二极管单向导电性好，并且阻值大的那次红表笔所接为阳极；若两次测量阻值相差很小，则说明该二极管已失去单向导电性。

3. 晶体管的识别

晶体管主要有 NPN 型和 PNP 型两大类。一般从其管壳上可识别型号和类型。还可以从其管壳上色点的颜色判断管子 $\beta$ 值的大致范围。以 3DG6 为例，若色点为黄色，表示 $\beta$ 值在 30～55 之间；色点为绿色，表示 $\beta$ 值在 55～80 之间；色点为蓝色，表示 $\beta$ 值在 80～120 之间；色点为紫色表示 $\beta$ 值在 120～180 之间等。

小功率晶体管有金属外壳和塑料外壳两种封装形式。金属壳封装的晶体管如果管壳上有定位销，那么将管底朝上，从定位销起，按顺时针方向，三个管脚依次为 e、b、c；如果管壳上无定位销，且三个管脚在半圆内，那么将三个管脚的半圆置于上方，按顺时针方向，依次为 e、b、c，如图 C-1 所示。塑料壳封装的晶体管，将其平面朝向我们，三个管脚向下，从左向右依次为 e、b、c。

对于大功率晶体管，从外形上一般分为 F 型和 G 型两种。F 型管只能看到两个电极，将管底朝上，两个管脚均在左侧，则上为 e，下为 b，底座为 c，如图 C-2（a）所示。G 型管的三个管脚一般在管壳的顶部，将管底朝下，从最下电极起按顺时针方向，三个管脚依次为 e、b、c，如图 C-2（b）所示。

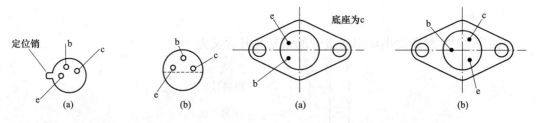

图 C-1　金属壳封装晶体管的识别　　　　图 C-2　大功率晶体管识别
　　（a）有定位销；（b）无定位销　　　　　　（a）F 型管；（b）G 型管

当一个晶体管没有任何标记时，可以用万用表初步确定晶体管的好坏、类型（NPN型或 PNP 型）以及辨别晶体管的 e、b、c 三个管脚。

## 附录 D　常用集成电路的型号命名及引脚说明

集成电路按功能分为模拟集成电路和数字集成电路；按外形分为圆型、扁平型和双列直插型，还可按规模、工艺等进行分类。

### 一、集成电路型号命名法

现行国产集成电路型号命名法见表 D-1。

表 D-1　　　　　　　　　　　　　　集成电路型号命名法

| 第零部分 | | 第一部分 | | 第二部分 | 第三部分 | | 第四部分 | |
|---|---|---|---|---|---|---|---|---|
| 用字母表示器件符合国家标准 | | 用字母表示器件的类型 | | 用数字和字母表示器件系列品种 | 用字母表示器件的工作温度范围 | | 用字母表示器件的封装 | |
| 符号 | 意义 | 符号 | 意义 | TTL 分为： | 符号 | 意义 | 符号 | 意义 |
| C | 中国制造 | T | TTL | 54/74①×××<br>54/74H②×××<br>54/74L③×××<br>54/74S×××<br>54/74LS④×××<br>54/74AS×××<br>54/74ALS×××<br>54/74F×××<br>CMOS 为：<br>4000 系列<br>54/74HC×××<br>54/74HCT××× | C⑤ | 0~70℃ | F | 多层陶瓷扁平封装 |
| | | H | HTL | | G | -25~70℃ | B | 塑料扁平封装 |
| | | E | ECL | | L | -25~85℃ | H | 黑瓷扁平封装 |
| | | C | CMOS | | E | -40~85℃ | D | 多层陶瓷双列直插 |
| | | M | 存储器 | | R | -55~85℃ | I | 黑瓷双列直插封装 |
| | | μ | 微型机电路 | | M⑥ | -55~125℃ | P | 黑瓷双列直插封装 |
| | | F | 线性放大器 | | | | S | 塑料单列直插封装 |
| | | W | 稳压器 | | | | T | 塑料封装 |
| | | D | 音响电视电路 | | | | K | 金属圆壳封装 |
| | | B | 非线性电路 | | | | C | 金属菱形封装 |
| | | J | 接口电路 | | | | E | 陶瓷芯片载体封装 |
| | | AD | A/D 转换器 | | | | G | 塑料芯片载体封装 |
| | | DA | D/A 转换器 | | | | ⋮ | 网格针栅陈列封装 |
| | | SC | 通信专用电路 | | | | SOIC | 小引线封装 |
| | | SS | 敏感电路 | | | | PCC | 塑料芯片载体封装 |
| | | SW | 钟表电路 | | | | LCC | 陶瓷芯片载体封装 |
| | | SJ | 机电仪电路 | | | | | |
| | | SF | 复印机电路 | | | | | |
| | | ⋮ | | | | | | |

① 74：国际通用 74 系列（民用）；54：国际通用 54 系列（军用）。

② H：高速。

③ L：低速。

④ LS：低功耗。

⑤ C：只出现在 74 系列。

⑥ M：只出现在 54 系列。

如集成电路型号及其含义为

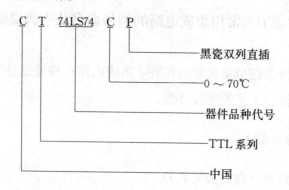

二、常用集成电路引脚顺序的识别

使用集成电路时，必须认真识别集成电路的各个引脚，确认电源、地和各输入、输出、控制端等，以免因错接而损坏器件。

集成电路的引脚排列有一定规律。对圆形集成电路，将其引脚朝上，从定位销开始顺时针方向依次为1、2、3……，如图 D-1 (a) 所示。圆形多用于模拟集成电路。对扁平型和双列直插型集成电路，将文字符号正放或将缺口置于左方，由顶部俯视，从左下脚起，按逆时针方向依次为1、2、3……，如图 D-1 (b) 所示。扁平型多用于数字集成电路，双列直插型广泛应用于数字和模拟集成电路。

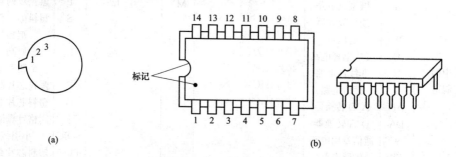

图 D-1  集成电路引脚排列图

(a) 圆形；(b) 扁平型和双列直插型

三、常用模拟集成电路的主要参数及引脚排列图

1. 集成运算放大器

集成运算放大器参数见表 D-2，不同型号的集成运算放大器引脚如图 D-2所示。

**表 D-2**　　　　　　　　　　　集成运算放大器参数

| 型　号<br>参　数 | μA741 | LM358 | LM324 | OP-07 | LM311 | LM339 |
|---|---|---|---|---|---|---|
| 电源电压（V） | ±3～±18 | ±1.5～±16<br>3～32 | ±1.5～±16<br>3～32 | ±3～±18 | 36 | ±18/36 |
| 电源电流（mA） | 1.7～2.8 | ≤2 | 1.5～3 |  | ≤7.5 | 0.8～2 |
| 最大差模输入电压（V） | ±30 | 32 | 32 | ±30 | ±30 | 32 |
| 共模输入电压范围（V） | ±13 | $V^+-1.5$ | $V^+-1.5$ | ±13 | ±15 | $V^+-1.5$ |
| 输入失调电压（mV） | ≤5 | ≤7 | ≤7 | ≤0.075 | ≤15 | ≤2～5 |
| 输入失调电流（nA） | ≤200 | 5～50 | 5～50 | ≤2.8 | 1 | 5～50 |
| 大信号电压增益（V/mV） | 20～200 | 25～100 | 25～100 | 120～400 | 40～200 | 200 |
| 共模抑制比（dB） | 80～86 | 65～80 | 65～70 | 120 |  |  |
| 单位增益带宽（MHz） | 1 | 1 | 1 | 0.6 |  |  |
| 转换速率（V/μs） | 0.5 |  |  | 0.3 |  |  |

### 2. 三端集成稳压器

三端集成稳压器参数见表 D-3，其引脚如图 D-3 所示。

**表 D-3**　　　　　　　　　　　三端集成稳压器参数

| 型　号<br>参　数 | LM7805 | | | LM7905 | | | LM317 | | |
|---|---|---|---|---|---|---|---|---|---|
| | 最小 | 典型 | 最大 | 最小 | 典型 | 最大 | 最小 | 典型 | 最大 |
| 输入电压（V） | 7 | 10 | 35 |  | -10 |  |  |  | 40 |
| 输出电压（V） | 4.8 | 5 | 5.2 | -4.8 | -5 | -5.2 | 1.2 |  | 37 |
| 输出电流（A） |  | 1.5 |  |  | 1.5 |  |  | 1.5 |  |
| 电压调整率（mV） |  | 3 | 50 |  | 8 | 50 |  | 0.01%/V | 0.05%/V |
| 负载调整率（mV） |  | 10 | 50 |  | 15 | 100 |  | 0.1% | 0.5% |
| 静态电流（mA） |  | 4.3 | 8 |  | 1 | 2 |  | 0.05 | 0.1 |
| 纹波抑制比（dB） | 62 | 80 |  | 54 | 66 |  |  | 65 |  |
| 输入输出压差（V） | 2 |  |  |  | 1.1 |  | 3 |  | 40 |
| 短路电流（A） |  | 2.1 |  |  | 2.2 |  |  | 2.2 |  |

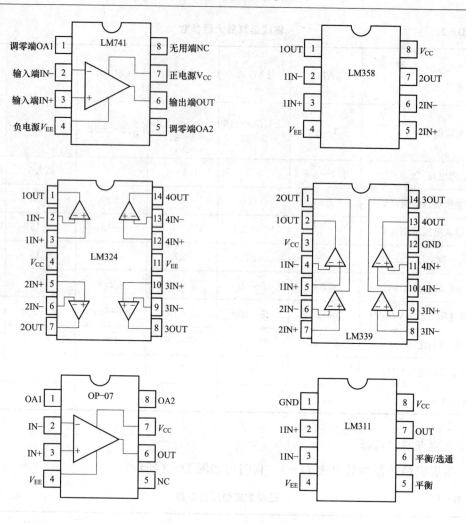

图 D-2　不同型号的集成运算放大器引脚图

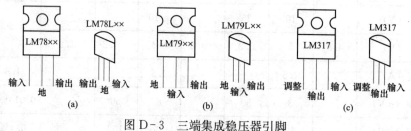

图 D-3　三端集成稳压器引脚

(a) 78××系列；(b) 79××系列；(c) 317 系列

## 四、常用数字集成电路引脚排列图

常用数字集成电路引脚排列图分别如图 D-4～图 D-21 所示。

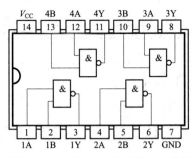

图 D-4　74LS00　四 2 输入与非门

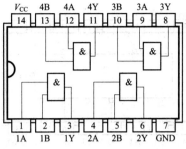

图 D-5　74LS08　四 2 输入与门

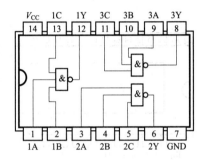

图 D-6　74LS10　三 3 输入与非门

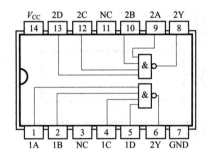

图 D-7　74LS20　二 4 输入与非门

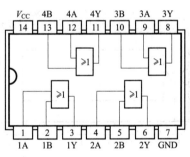

图 D-8　74LS32　四 2 输入或门

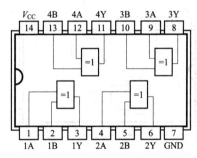

图 D-9　74LS86 四 2 输入异或门

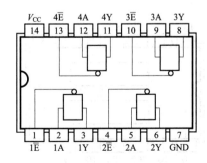

图 D-10　74LS125　四总线缓冲门（TS）

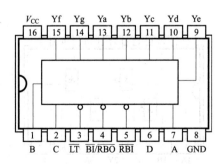

图 D-11　74LS48 BCD-七段译码器/驱动器

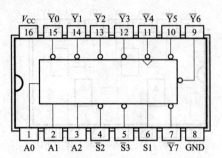

图 D-12　　74LS138　3-8 线译码器/分配器

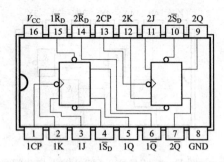

图 D-13　74LS112　双 JK 型负边沿触发器

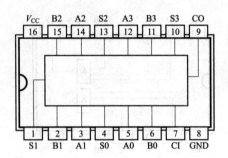

图 D-14　74LS283　4 位二进制全加器

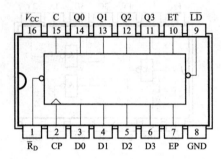

图 D-15　74LS161　二进制同步计数器

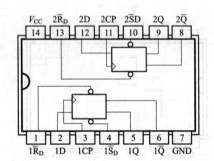

图 D-16　74LS74　双 D 型正边沿触发器

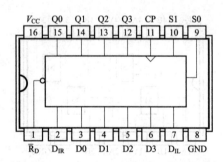

图 D-17　74LS194　4 位双向移位寄存器

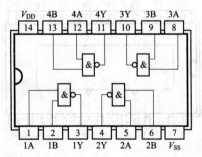

图 D-18　CD4011　四 2 输入与非门

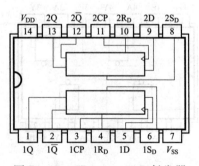

图 D-19　CD4013　双 D 触发器

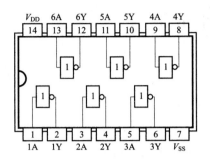

图 D-20　CD4069　六反相器

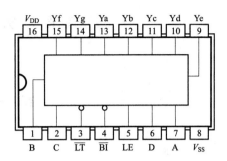

图 D-21　CD4511　BCD-锁存/译码/驱动器

# 附录 E 实验报告示例

## ××大学
## 实 验 报 告

级　　专业　　　班 学号　　　　　　年　月　日（做实验的时间）

姓名　　　同组人　　　　　　　指导教师

实验名称　　　　　　　　　　　成绩

实验类型（如验证型、设计型等）　　批阅教师

**一、实验目的**

**二、实验原理**（要求简单明了，既要叙述清楚原理内容、主要公式、原理图、电路图，又要避免抄教材。）

### 三、实验设备与元器件

### 四、实验内容及步骤（要求叙述清楚实验内容和实验步骤，画出实验线路图和数据记录表格。）

（以上部分为预习报告）

### 五、数据记录及实验结果分析（根据各实验的具体要求，记录原始数据，分析实验结果，包括实验结论、收获体会等，完成实验报告要求。）

### 六、思考题

# 参 考 文 献

[1] 秦曾煌. 电工学：上册 [M]. 7 版. 北京：高等教育出版社，2009.

[2] 秦曾煌. 电工学：下册 [M]. 7 版. 北京：高等教育出版社，2009.

[3] 罗守信. 电工学：Ⅰ、Ⅱ [M]. 3 版. 北京：高等教育出版社，1993.

[4] 童诗白. 模拟电子技术基础 [M]. 4 版. 北京：高等教育出版社，2006.

[5] 阎石. 数字电子技术基础 [M]. 北京：高等教育出版社，2001.

[6] 邱关源. 电路 [M]. 5 版. 北京：高等教育出版社，2006.

[7] 焦阳. 电工电子技术 [M]. 北京：电子工业出版社，2006.

[8] 赵明. 电工学实验教程 [M]. 哈尔滨：哈尔滨工业大学出版社，2013.

[9] 薛同泽. 电路实验技术 [M]. 北京：人民邮电出版社，2003.

[10] 王萍，林孔元. 电工学实验教程 [M]. 北京：高等教育出版社，2006.

[11] 杨振坤. 电工技术 [M]. 西安：西安交通大学出版社，2002.

[12] 安兵菊. 电子技术基础实验及课程设计 [M]. 北京：机械工业出版社，2007.

[13] 孙玉杰. 电工电子技术实验教程 [M]. 北京：机械工业出版社，2010.

[14] 李国丽. 电子技术基础实验 [M]. 北京：机械工业出版社，2007.

[15] 段新文，李银轮. 电子技术基础实验 [M]. 北京：科学出版社，2010.